AI PAINTING
FROM BEGINNER TO EXPERT
WITH MIDJOURNEY

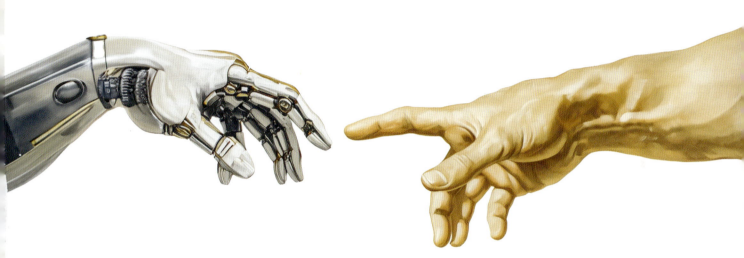

AI 绘画

MIDJOURNEY

从 入 门 到 精 通

靳太然 著

四川大学出版社
SICHUAN UNIVERSITY PRESS

图书在版编目（CIP）数据

AI 绘画：Midjourney 从入门到精通 / 靳太然著 .
成都 ：四川大学出版社，2025. 1. -- ISBN 978-7-5690-
7649-3

Ⅰ. TP391.413

中国国家版本馆 CIP 数据核字第 2025KU3165 号

书　　名：AI 绘画：Midjourney 从入门到精通
　　　　　AI Huihua：Midjourney Cong Rumen dao Jingtong
著　　者：靳太然

选题策划：宋彦博
责任编辑：宋彦博
责任校对：庞　韬
装帧设计：靳太然
责任印制：李金兰

出版发行：四川大学出版社有限责任公司
　　　　　地址：成都市一环路南一段 24 号（610065）
　　　　　电话：（028）85408311（发行部）、85400276（总编室）
　　　　　电子邮箱：scupress@vip.163.com
　　　　　网址：https://press.scu.edu.cn
印前制作：四川胜翔数码印务设计有限公司
印刷装订：四川煤田地质制图印务有限责任公司

成品尺寸：210mm×285mm
印　　张：18
字　　数：275 千字

版　　次：2025 年 6 月 第 1 版
印　　次：2025 年 6 月 第 1 次印刷
定　　价：89.00 元

扫码获取数字资源

四川大学出版社
微信公众号

序

AIGC是Artificial Intelligence Generated Content的简称，即"人工智能生成内容"，它被认为是继PGC（Professional Generated Content，专业生产内容）和UGC（User Generated Content，用户生成内容）之后的新型内容创作方式。自2022年以来，全球AIGC高速发展，这与计算机深度学习模型日趋成熟、开源模式的推动、生产工具商业化有着密不可分的关系。

AIGC领域诞生了很多专攻绘画的实用工具，为人熟知的有国外的Midjourney、Stable Diffusion、Dall·E、Leonado AI等，同时国内的可灵AI、文心一言、即梦AI等AI绘画工具也有颇为不俗的表现。其中，Midjourney于2021年7月12日进行了首次公测；2022年3月，正式以设置在Discord（一个即时通信及社交平台）上的服务器形式推出，用户直接注册Discord的账号并与Midjourney机器人对话即可进行AI绘画创作。其强大的由文本到图像的生成能力和富有艺术感的风格，很快在数字艺术和设计领域掀起了一股热潮。

Midjourney早期生成的许多作品在Reddit、Twitter和Instagram等社交媒体上广泛传播。其中不少是超现实或具有强烈情感表达的场景，如废墟中的未来城市、赛博朋克人物肖像等。这些作品引起了年轻人的极大关注，但遭到许多传统艺术家和学院派艺术家的轻视和嘲讽。但就在2022年，在美国科罗拉多州举办的艺术博览会上，一幅借助Midjourney创作的作品《太空歌剧院》（*Théâtre D'opéra Spatial*）赢得了数字艺术类冠军。这一非常有代表性的事件，让艺术家们开始用严肃的态度对待AI绘画。

Midjourney的工作模式极其简单：创作者（我们姑且将使用Midjourney的人视作创作者）以人类自然语言和AI对话，对期望生成的内容进行描述，AI则根据描述的内容生成图像。官方把这种描述称作"prompt"，中文译作"提示词"。因为有大量创作者把AI绘画的过程称为"科技魔法"，于是在许多网络平台中，AIGC用户也将prompt称作"咒语"。毋庸置疑，"咒语"的好坏决定了生成内容的优劣。目前，Midjourney的默认语言是英语，对中文的理解力还十分有限。但是，借助第三方翻译软件，将中文描述翻译为英文描述，可以获得质量几乎一样的生成结果。

Midjourney的推出也激起大众关于人工智能创作是否算"艺术"的讨论，许多传统艺术家和设计师开始关注这些工具对行业的影响。自古以来，每一项具有颠覆性的生产力的出现，都可能会引发法律和伦理冲突，Midjourney也不例外，用户和艺术平台对Midjourney生成图像的归属权展开了广泛讨论。事实上，关于AIGC的版权归属，至今仍存在巨大争议。目前，Midjourney认可创作者借助Midjourney创作的作品版权归创作者所有，可免费查看；如需商用，则必须开通会员。此外，用户也可以看到别人实时发布的画作，会员可以预览大图并下载，但未经允许转发他人画作则被视为侵权。

Midjourney 的推出不仅是 AI 艺术工具发展的重要里程碑，在艺术领域引发了一场关于技术与艺术的大讨论以及创作的新热潮，其在商业领域引发的生产力革命也是颠覆性的。可以预见，在不远的未来，像 Midjourney 这样的 AI 艺术工具将渗透到人们生活的方方面面。掌握基本的 AI 绘画技能，或许会成为未来很多人的必修课。

编写本书的目的是帮助读者全面、系统地掌握 Midjourney 的使用技巧，并探索这一 AI 工具在艺术创作中的无限可能。作为一款备受关注的文本到图像生成工具，Midjourney 已逐渐成为设计师、艺术家、教育工作者以及绘画爱好者的重要助手。然而，对于许多用户来说，如何将自己的创意精确转化为视觉艺术，如何在不同场景下灵活运用 Midjourney，以及如何在技术变革中平衡艺术性与工具性，仍然存在诸多难点。本书旨在通过详尽的方法讲解与案例呈现，帮助用户从入门到精通，全面提升其创作能力。

本书以循序渐进的方式引导读者深入理解 Midjourney 的使用逻辑与应用场景。基础部分讲解 Midjourney 的账号注册、界面功能与基础操作，帮助初学者快速上手。这部分也系统解析了关键术语与参数设置，如风格强度、画幅比例等。进阶部分则探讨如何优化提示词，控制图像风格与内容。最后，通过大量案例深入探索 Midjourney 在艺术、设计、教育、广告等领域的应用潜力，针对不同用户需求提供个性化创作建议，如平面设计、环境艺术设计、概念设计、插画创作、IP 设计等。

本书适合高等院校艺术专业师生、数字艺术创作者、AI 工具爱好者阅读，也可为广告设计及品牌推广等市场从业者、跨界创作者以及未来主义者提供参考。

在人工智能飞速发展的今天，Midjourney 让每个人都有机会成为自由、独立表达自我审美的艺术家，也让创意不再受限于工具的门槛。不论是刚刚接触这一工具的初学者，还是追求极致表现的资深创作者，我都希望这本书能为您提供启发与支持。但鉴于人工智能及 Midjourney 都在持续进化中，本书难免存在局限，望广大读者不吝赐教。

靳太然
2024 年 12 月于四川大学

C目 录
ONTENTS

第 8 章　辅助平面设计 ·· 175

第 9 章　辅助环境艺术设计 ·································· 211

第 10 章　"国潮"风格创作 ·································· 241

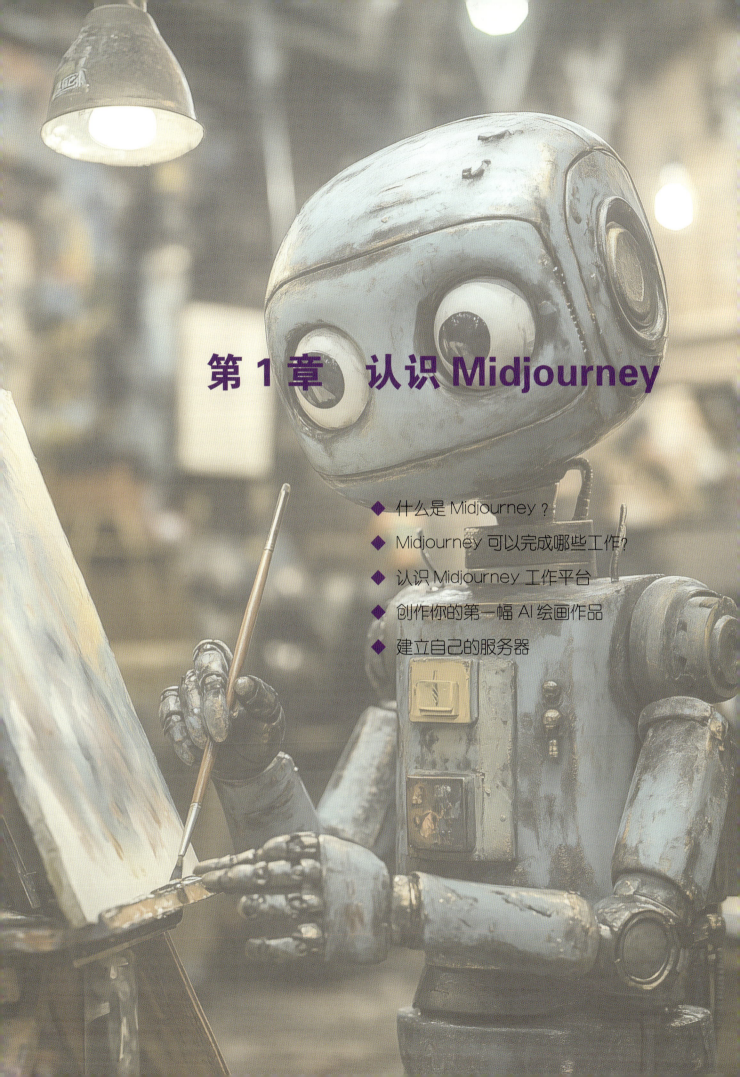

第 1 章 认识 Midjourney

◆ 什么是 Midjourney？

◆ Midjourney 可以完成哪些工作?

◆ 认识 Midjourney 工作平台

◆ 创作你的第一幅 AI 绘画作品

◆ 建立自己的服务器

什么是Midjourney？

Midjourney 是由美国企业家大卫·霍尔茨（David Holz）创立的工作室开发的一款人工智能绘画程序。该工作室并不大，在其官网上，我们可以看到整个团队的结构非常简单，核心技术研究和开发人员不到 10 人。大卫·霍尔茨是一位有着深厚科技与商业背景的企业家，他曾在美国国家航空航天局兰利研究中心（NASA Langley Research Center）工作，并从事神经科学研究。他在美国北卡罗来纳大学教堂山分校 Max Planck 实验室学习应用数学，但在攻读博士学位期间他选择辍学，开始了创业生涯。2010 年，大卫·霍尔茨创立了手势跟踪技术公司 Leap Motion，并担任首席技术官（CTO）。Leap Motion 专注于基于手部动作和视频捕捉的用户界面技术，曾被视为增强现实和虚拟现实领域的创新者，其技术成果被广泛运用到数字交互艺术的创作中。Leap Motion 于 2019 年被 Ultrahaptics 收购。

Midjourney 问世之后，因其操作的简便性和强大的创造能力赢得了广泛关注，用户增长非常迅速，在短短半年内超过 1000 万，通过订阅带来的年营收约为 1 亿美元。Midjourney 不需要用户在个人计算机等终端上以传统图形软件的方式安装运行，主要通过 Discord 在线社区提供服务，以"对话"的方式进行即时交互创作，体验相对友好，很快便形成了活跃的用户社区，随时都有全球的创作者在其中进行创作。

Midjourney 官网有一段简短而神秘的自我介绍："Midjourney 是一个独立的研究实验室，致力于探索新的思维媒介，并扩展人类的想象力。我们是一支小型的自筹资金团队，专注于设计、人类基础设施和人工智能。"据说，Midjourney 计划进军 AI 硬件领域，但截至本书稿完成之时，Midjourney 所深耕的领域仍然是人工智能绘画。

Midjourney 的官网地址是 https：//www.midjourney.com/。

点击官网首页中的【Explore】按钮，进入案例展示页面，我们便可以看到以 Midjourney 作为工具创作的大量 AI 绘画作品，它们风格多元，充满想象力，从整体氛围到细节刻画都令人惊叹。

Midjourney可以完成哪些工作？

　　Midjourney拥有强大的由文本到图像的生成工具，能够基于用户输入的文本提示词（prompt）快速生成多样化的视觉作品。其高度灵活的创作能力和公认的高审美感知能力，使得它在多个领域都展现出广阔的应用前景。

　　Midjourney可以生成多种类型的作品，胜任多个领域的任务：从油画、水彩、素描等传统艺术风格的绘画到未来主义、超现实主义、赛博朋克等现代艺术风格的插画创作，从生成特定角色形象的人物设计到打造复杂场景的概念设计，从设计吸引眼球的品牌推广素材到快速生成产品外观草图和设计概念的商业品牌设计，再从解释抽象概念或视觉化历史场景的教学辅助到为人文与科技领域的学术研究提供可视化支持，此外还可以与音乐、文学结合，生成基于诗歌或旋律的视觉作品，也可以用于医学可视化或心理健康治疗中的艺术表达这样的跨学科项目……

　　Midjourney的应用场景几乎没有边界，包括个人绘画创作，故事绘本、漫画创作，游戏、影视概念设定，平面设计，环境艺术设计，时尚设计，真实人像生成，文创设计等。在本书中，我们会带领大家逐一了解。

认识Midjourney工作平台

账号注册

　　Midjourney账号的注册方法与大多数网络账号的注册方法类似，在官网首页点击【Sign Up】按钮后，按照系统指引一步一步操作即可，此处不再赘述。需要注意的是，目前Midjourney官网仅支持使用Google账号和Discord账号注册。

　　与使用传统绘画软件不同，Midjourney的运算需要利用云端服务器完成，因此用户在使用Midjourney时无须安装本地客户端，而是可以采用以下两种方式：①在Midjourney官网用已注册的账号登录后，直接在官网的创作页面开展创作；②在社交平台Discord中"召唤"Midjourney聊天机器人，通过与其对话开展创作。

　　由于早期的Midjourney不支持直接在官网开展创作，而必须依托Discord平台，因此，考虑到当前大多数用户的使用习惯，本书仍以在Discord平台上创作为例，对Midjourney的基本功能、命令和参数等进行详细讲解。

　　此外，还有两点需要做特别说明：

（1）简单来说，在 Discord 平台上利用 Midjourney 进行绘画创作时，可以把前者理解为类似于微信的社交平台，把后者看作运行于该平台的小程序。因此，我们需要将 Midjourney 与 Discord 进行绑定，即在 Discord 中加入 Midjourney 服务器。具体操作如下：

①打开 Discord，点击界面最左侧服务器区的【添加服务器】按钮 。

②在弹出窗口中点击【加入服务器】。

③在"邀请链接"栏中输入 "https://discord.com/invite/midjourney"，最后点击右下角的【加入服务器】按钮。

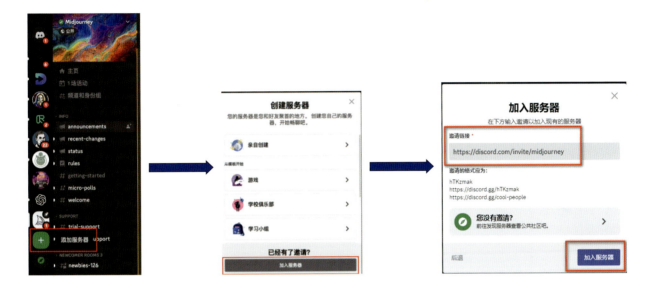

（2）尽管目前已经可以在 Midjourney 官网直接进行绘画创作，与基于 Discord 平台创作并无本质区别，但后者更符合大多数用户的习惯。并且 Discord 平台提供了丰富的讨论小组，十分有利于初学者学习和交流。另外，Discord 既有部署在计算机、手机或平板上的客户端，也有网页版，使用方式更为灵活。本书中以使用客户端为例进行讲解。

会员管理

Midjourney 的运营模式是订阅制，即将更多的功能和更快的作图速度留给付费用户。Midjourney 官方目前提供了基础、标准、专业和超级 4 种服务套餐，用户可以根据自己的需求来选择。

更高级的服务套餐提供更多的云端快速生图算力，非常符合企业或者商业艺术家的需求。普通爱好者或者初学者则可以选择基础计划进行尝试。

需要特别说明的是，AIGC 有在线生成和本地部署运算两种方式。鉴于过去大家更愿意购买属于自己的计算机和软件来为自己工作，有很多人暂时还难以接受这种订阅模式。但实际上，AIGC 本身是需要巨大的算力和模型库来执行任务的，对计算机的软硬件环境有着极高的要求，就算是最顶级的个人计算机也无法和企业级的 GPU 阵列服务器的运算能力相提并论。所以，订阅模式应该是 AIGC 时代对一般用户来说最经济合理的模式，它有着非常明显的优势。

- 无须硬件投资：本地部署通常需要高性能的硬件（如GPU服务器），这些硬件价格昂贵，维护成本高，并且淘汰周期很短。而线上工具的计算资源由服务商提供，用户仅需支付订阅费用即可享受强大的计算能力，避免一次性投入高昂成本。

- 技术即时更新：线上工具由专业团队维护，能够迅速升级模型、优化功能和修复漏洞，用户无须操作即可使用最新版本的技术。

- 强大算力的动态分配：AIGC工具需要大规模的计算资源，订阅模式允许用户通过云端动态使用高性能的集群资源，无须担心本地硬件性能不足。用户还可以根据需要扩展所使用的算力，而本地硬件则难以满足运算中的突发需求。

- 使用的便利性：无论是网页版还是App，用户只需登录账户即可开始使用，无须复杂的安装或配置程序。

- 社区支持与协作：线上工具通常伴有一个强大的用户社区，用户可以在此获得使用教程、技术支持以及创作灵感。许多AIGC工具还提供团队协作功能，便于多人同时参与项目。

- 数据与安全性：服务商通常会使用专业的安全协议来保护数据，减少用户自行管理数据时的风险。用户可以随时随地访问自己的作品，无须担心本地硬盘损坏或数据丢失。

简言之，线上订阅模式的核心优势在于高效、低成本、易用性，特别适合希望快速上手且对算力需求较大的用户，而本地部署则适用于有高度定制化需求、长期稳定预算和强大技术支持的专业团队。

Midjourney 工作界面

进入Discord的主界面之后，我们可以在最左侧的服务器区找到Midjourney的白色小帆船图标。点击该图标即可进入Midjourney的工作界面。该界面主要包括内容区、信息区等区域。内容区左侧有一个频道列表，点击频道名即可在内容区显示相应内容。

　　下面对几个常用的频道做简要说明。

　　在 Midjourney 的主页，可看到官方推荐的来自全球各地的用户创作的优秀作品。通过观摩这些作品，我们往往可以获得许多非常棒的创作灵感。

　　在 Midjourney 的讨论（discussion）频道，用户可以交流创作经验。经常有用户在此分享自己撰写 prompt 的经验，我们可以从中获得很多能直接使用的优质 prompt。

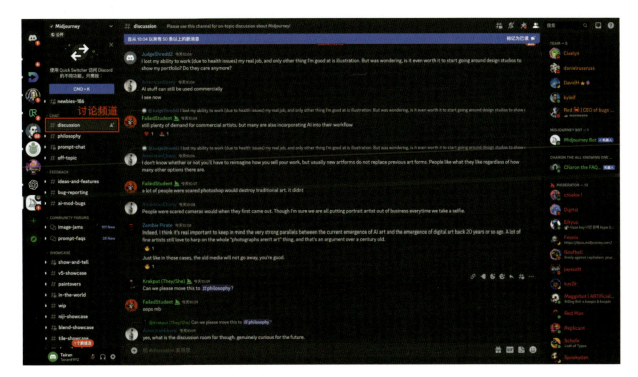

在每日主题（daily-theme）频道，Midjourney 官方会给出每天的创作主题，鼓励所有 Midjourney 用户参与创作。这是一个调动用户创作积极性和创造性的举措，优秀的作品会被官方放到首页进行展示。

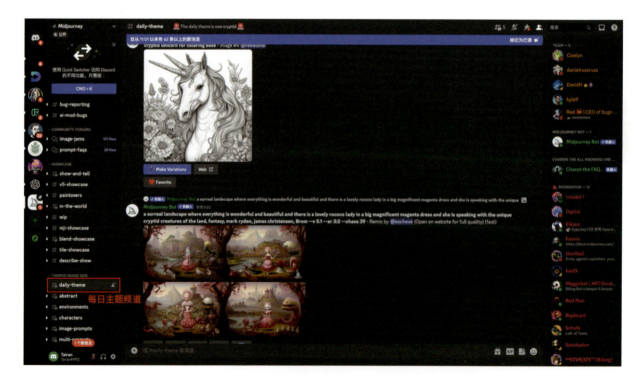

抽象（abstract）频道是主要围绕一些抽象氛围进行主题创作的区域，在这里展示的作品一般没有特别具体的剧情或者叙事性，以一些呈现氛围感或者情绪化、意识流的作品为主。

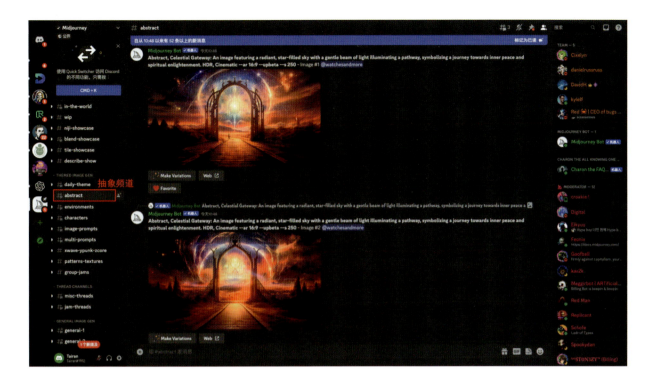

环境（environments）频道是主要以室内外环境设计为主题进行创作的区域，在这里常可以看到建筑设计手稿、室内外效果图，以及与光照效果、氛围营造等相关的创作。

角色（characters）频道是主要以角色设计为主题进行创作的区域，例如和游戏、影视、概念设定、玩具手办等相关的角色创作，涵盖从真人到动物、奇幻生物、机器人、泥塑玩具等各种角色。在这里可以获得很多关于角色设计的灵感，也可以看到别的创作者如何利用提示词描述角色。

图案（patterns-textures）频道是主要以图案为主题进行创作的区域。图案被广泛应用于建筑、装饰、材料、服装、游戏贴图等视觉设计领域，本身具有一定的专业性和规范性。我们在这个区域可以找到大量关于图案创作的灵感，对于从事平面设计工作有很大的帮助。

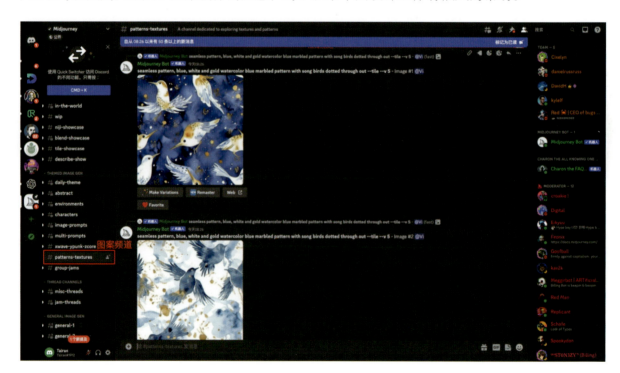

在普通（general）频道可以进行无主题的自由创作。在这里，所有的作品都是公开的，包括生成作品所使用的propmt。学习别人所创作优秀作品的提示词，是提升Midjourney使用水平的重要方法之一。

此外，Midjourney 官方还会不定期举行关于技术、艺术等主题的有趣活动，并在 Midjourney 工作界面推送活动信息，鼓励大家进行讨论和参与创作，营造活跃的线上社区氛围，维持用户黏性。

练习：熟悉 Midjourney 的工作界面，探索各个区域的功能。

创作你的第一幅 AI 绘画作品

在深入学习 Midjourney 之前，让我们先来小试牛刀，开始创作我们的第一幅 AI 绘画作品。借此，我们可以体会到使用 Midjourney 绘画是何等轻松，同时也能了解 Midjourney 一些最基本的命令。

我们可以在 **Midjourney** 的官方服务器中，任意寻找一个主题频道开始我们的第一次创作，这里以 **newbies**-126 频道作为示范。如下图所示，找到工作界面下方的对话输入框。

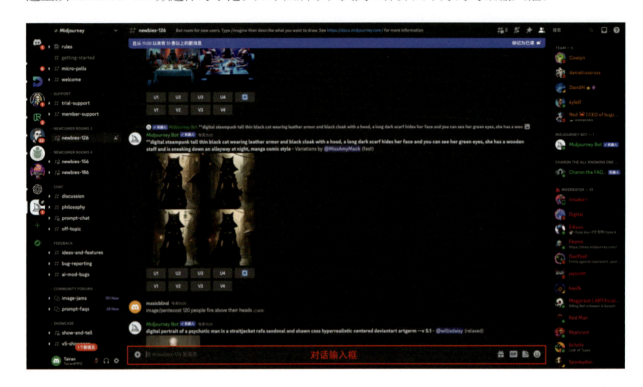

在该对话输入框中输入"/"命令符，便会弹出命令菜单，我们在此选择"/imagine propmt"命令。

选定"/imagine propmt"命令之后，光标会在"propmt"之后的位置闪烁，提示这里是"prompt"输入区域。

我们在此输入一条简单的 prompt，如 "a cute cat"（一只可爱的猫），然后按回车键，将该 prompt 发送给 Midjourney 服务器。

接下来，Midjourney 就开始进行绘画工作了，我们能够在主界面中看到绘画的进度（用户体验到的绘画速度会因网速不同而有所差异），见证作品从无到有的诞生过程。

当绘画进程达到 100％时，Midjourney 就会输出 4 幅根据 prompt 绘制的作品。

点击图片，可以在独立窗口中查看该作品，再次点击图片可以返回主界面。

回到主界面，在图片的下方可以看到 9 个按钮。点击按钮【U1】~【U4】，可将对应编号的作品放大。点击按钮【V1】~【V4】，可使对应编号的作品的细节发生变化。点击按钮  ，可让 Midjourney 根据上述 prompt 重新绘制 4 幅新的作品。

我们在此点击【U2】，可以发现，Midjourney 会将这幅作品单独放大。

　　如果我们对第二幅作品比较满意，但又希望以此为参考再做更多尝试，便可以点击按钮【V2】。这时，Midjourney 会根据第二幅作品再次生成 4 幅作品。可以看到，这 4 幅作品和先前绘制的第二幅作品很像，但细节又有所不同。像这样通过多次尝试，我们便可以得到最接近自己期望的作品。

根据图2变化生成的图片

　　如果我们对第一次生成的 4 幅作品都不满意，或者希望看到更多方案，只需点击 按钮就可以获得 4 幅新的作品。

利用Midjourney绘画就是如此简单。接下来，你可以尝试用完全不同的prompt来开始自己的创作。

练习：用自己的prompt绘制作品，并通过放大、变化、重新生成等按钮熟悉Midjourney的基本功能。

建立自己的服务器

在前一小节，我们利用Midjourney的公共服务器和绘画主题频道完成了第一幅AI绘画作品的创作。需要注意的是，在这一区域进行创作，虽然可以看到别人的绘画作品，有利于学习和交流，但因为有太多人同时使用Midjourney，所以页面随时都在刷新，自己的作品很快就被挤到别的地方，非常影响创作的专注状态。此外，有时我们并不希望自己的作品在Midjourney服务器的公共区域被看到。针对上述情况，我们最好在Discord中建立自己的服务器，让自己拥有"私人空间"来进行AI绘画创作。

要建立自己的服务器，我们可以按以下步骤操作：

（1）在Discord主界面左侧的服务器区点击"添加服务器"按钮 ➕ 。

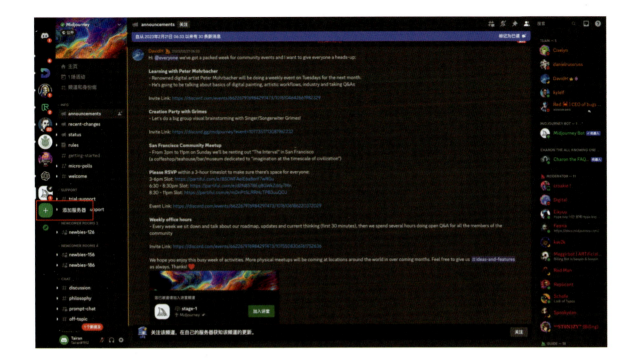

（2）在弹出窗口中点击【亲自创建】。

（3）在弹出窗口中根据实际需求进行选择。这里我们以第二个选项【仅供我和我的朋友使用】作为教学示范。

（4）在弹出窗口中为自己的服务器取一个名字，还可以点击【UPLOAD】按钮上传头像图片。完成后点击【创建】按钮。

完成上述操作后，会自动返回Discord主界面，可以看到左侧服务器区多出了一个新的服务器。

自己的服务器主界面

（5）虽然已经有了私人服务器，但此时 Midjourney 的绘画机器人（Midjourney Bot）还不在该私人服务器中，我们必须手动把它加进来。这时，我们要回到 Midjourney 的公共服务器中，在界面右侧找到 "Midjourney Bot"。

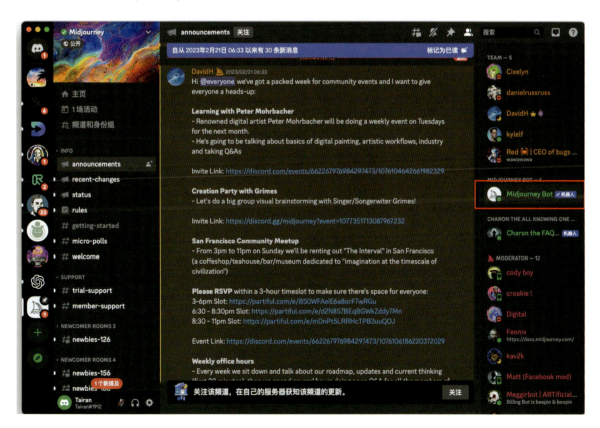

（6）点击 "Midjourney Bot"，会弹出一个小窗口，在该窗口中点击【添加至服务器】。

（7）在弹出窗口中点击【选择一个服务器】，然后从列表中选择我们刚刚创建的私人服务器。

（8）根据需要对 Midjourney 机器人的权限进行勾选，完成之后点击【授权】。

（9）接下来会弹出一个验证用户是否为机器人的窗口。点击【I am human】进行确认。验证成功，会显示"已授权"。

这时再回到我们的私人服务器中，可以看到 Midjourney 机器人已经出现在界面右侧的列表中。

为了保持私人服务器里的内容有序，我们也可以建立自己的频道来对内容进行分类管理。在界面左侧的频道栏空白处点击右键，会弹出一个菜单，点击【创建频道】，并为它命名。

可以看到，我在这里建立了一个名为"midjourney 教学"的频道。

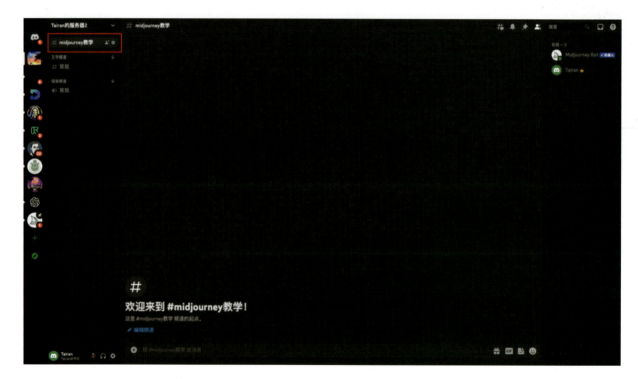

至此，私人服务器便创建完毕，接下来我们便可以在这一私人空间中进行 Midjourney 绘画创作。

练习：在 Discord 中创建自己的服务器并添加 Midjourney 机器人。

第 2 章　Midjourney 设置

Midjourney 有不同的版本、模型，用户在创作之前通常需要进行相应的设置。但因为 Midjourney 并不是一款独立的软件，而是依托 Discord 平台工作的，所以其设置方法和传统软件有所不同，需要在对话框中输入特定命令才能调出设置菜单。在本章，我们将主要了解在 Midjourney 中进行设置的方法以及各种设置按钮的作用。

调出设置菜单

在与 Midjourney 机器人的对话框中输入命令"/settings"，然后按回车键，Midjourney 机器人便会回复设置菜单。可以看到，在设置菜单中有 17 个按钮，点击这些按钮就能调用 Midjourney 的不同版本、模型和功能。

注：Midjourney 会不定期更新版本，故设置菜单的样式和内容可能随之变化。

调用 Midjourney 的不同版本

在设置菜单中，排在最前面的几个按钮用于调用 **Midjourney** 的不同版本。这些版本诞生于 **Midjourney** 绘画模型训练的不同时期，因此对应的绘画能力有很大差别，主要体现在不同视觉风格模型的数量、生成画面的合理性、画面的细节丰富度和精度、对提示词的理解度、可控的参数等方面。

Midjourney 会把最新的版本设置为当前的默认版本。例如在刚开始撰写本书时，**Midjourney** 刚刚更新到 5.1 版本，所以代表该版本的按钮处于默认激活状态（显示绿色）。

我们接下来以 "Chinese spring festival"（中国春节）作为 **prompt** 来生成图画，看看不同的版本生成的图画会有什么不同。

点击【MJ version 1】按钮，即表示我们切换到了 **Midjourney** 第一代版本。

在对话框中输入 "/"，紧接着在弹出的命令菜单中选择 "/imagine prompt" 命令，然后在 prompt 栏输入 "Chinese spring festival" 并发送。**Midjourney** 很快就生成了 4 幅图，如下图所示。可以看到，**Midjourney** 在我们输入的 prompt 后面自动添加了 "--v 1" 这个命令，表示我们刚才选择的第一代版本生效了。

为便于观察细节，我们使用按钮【U2】和【U4】，将其中两张图放大。

　　若要切换版本，需要再次给服务器发送"/settings"命令，调出设置菜单。我们在此点击【MJ version 2】按钮，切换到 Midjourney 的第二代版本。

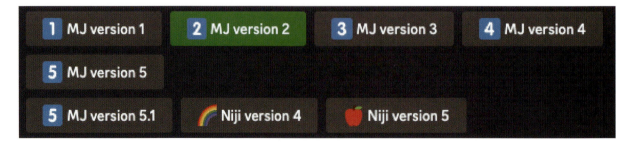

用同样的方法在对话框中输入相同 prompt 即 "Chinese spring festival" 并发送，Midjourney 再次生成 4 幅图，如下图所示。可以看到，Midjourney 在我们输入的 prompt 后面自动添加了 "--v 2" 这个命令，代表我们刚刚选择的第二代版本生效了。

同样，为便于观察细节，我们点击按钮【U2】和【U4】，将其中两幅图放大。可以发现，作为早期模型，第一代模型和第二代模型在提示词理解和细节刻画方面没有明显的差别，但第二代模型在放大重绘的细节刻画方面有了一些进步。

　　用同样的方法依次调用版本 3 至版本 5，并在不同版本中利用同样的 prompt "Chinese spring festival" 生成图画，结果如下（为简洁醒目，此处仅列出版本号和放大后的图画）：

　　--v 3

　　--v 4

　　--v 5

现在，我们切换至 5.1 版本。前面提到，Midjourney 会把最新版本作为默认的版本，所以在切换至 5.1 版本之后，Midjourney 机器人不会再自动在 prompt 后添加版本信息。

 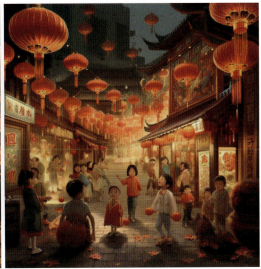

　　细心的读者可能已经发现，点击【MJ version 5.1】按钮之后，在该按钮后面紧跟着出现了一个【RAW Mode】按钮。这是一个在版本 5.1 中独有的绘图模式，只有在切换到该版本时才会出现。我们可以将其称为"原始模式"，即在该模式下，Midjourney 会高度遵循提示词进行创作，减少不必要的演绎和修饰。这种模式非常适合创作写实风格的作品。

观察以下三幅在原始模式下生成的图画，可以发现它们与提示词"中国春节"高度吻合，减少了联想与修饰。

从 **Midjourney** 的 6.0 版本开始，界面进行了些许调整：因为版本太多，所以改以下拉菜单来显示不同的版本号。

Midjourney 发展到版本 5 的时候，其真实照片模拟功能已经非常强大。在使用版本 6 进行创作时，若不加风格描述，**Midjourney** 默认会给出包括真实照片模拟在内的几种风格和构图来供用户选择。我们可以将此理解为版本 6 给了用户更多的审美选择，这其实也是对用户审美多元化的一种引导。我们来看看同样以 "Chinese spring festival" 作为 **prompt**，版本 6 给出的图画。

不难看出，版本 6 根据 prompt 生成的图画不仅都非常好地诠释了"中国春节"这个主题，而且风格多元。在很多时候，我们可以从这些图片中获得灵感，再深入和 Midjourney 沟通，得到更符合我们预期的图片。

Midjourney 自 2022 年 7 月公测以来，持续迭代升级，显著提升了图像生成的质量和多样性。这里为大家总结了历代版本的基本特点，以助于大家更全面地了解 Midjourney 的进化史。

表2-1　Midjourney历代版本的特点

版本	发布时间	特点
v1	2022年7月	初始版本，能够根据文本提示生成基本图像，但在细节和复杂性方面存在局限。
v2	2022年10月	增强了对角色的处理能力，生成的图像更具表现力；提高了对提示词的理解能力，生成结果更符合用户预期。
v3	2022年7月25日	提升了图像的细节和分辨率，生成内容更丰富；改善了背景和透视效果，使图像更具真实感。
v4	2022年11月5日（Alpha版）	采用全新的AI架构和代码库，在Midjourney的AI超级集群上训练；扩展了关于生物、地点和物体的知识库，生成的图像在细节和复杂场景处理上更出色；支持图像提示和多提示等高级功能。
v5	2023年3月15日（Alpha版）	显著提升了图像的连贯性和分辨率，能够更准确地解释自然语言提示；增加了瓷砖模式（--tile）等高级功能；v5.1版本进一步增强了模型的风格化能力，v5.2版本引入了新的"美学系统"和"缩放"功能。
v6	2023年12月21日（Alpha版）	从头开始训练模型，历时九个月，提升了文本呈现和对提示词的直观解释能力；提升了图像质量和细节表现，生成结果更贴近用户预期。

通过版本的持续更新，Midjourney 在图像生成的质量和多样性方面取得了显著进步，为用户提供了更强大的创作工具。

调用 Niji 模式

Niji 模式是 Midjourney 推出的二次元风格的绘画模式，主要是按照日式动漫风格来进行创作。目前有 Niji version 4、Niji version 5 和 Niji version 6 三个版本可供选择，点击相应按钮（版本 6 为下拉菜单模式）即可调用。我们以 "a robot is making a sandwich"（一个机器人正在制作三明治）为 prompt 来生成图画，看看 Niji 模式三个版本的表现（为简洁醒目，只列出版本号和两张放大后的图片）。

--niji 4

--niji 5

--niji 6

　　通过对比 Midjourney 的不同版本生成的图画，我们可以明显看出 Midjourney 在持续进化：第一代的表意较为模糊，元素单调，第五代已经可以生成足以以假乱真的写实照片，原始（RAW）模式和 Niji 模式则表现出更强大的艺术创造力。当然，我们并不能简单地断言版本越新越好，在艺术创作中，不同的风格可以满足不同的表达需求，彼此并无高低、优劣之分。所以，我们可以在不同的版本间切换，寻找自己最需要的创作效果。

　　除了利用设置菜单中的按钮和下拉菜单切换版本，我们也可以在 prompt 中直接输入版本号，例如在 prompt 的末尾附上"--v 3"即代表我们选择第三代版本来画图，附上"--niji 6"即代表我们选择 Niji 模式的第 6 代版本来画图。

　　例如，以"An ancient Chinese warrior is standing on a city wall looking into the distance, with a long sword hanging from his body and a fluttering flag behind his back. --niji 6"（一个中国古代武士正站在城墙上眺望远方，身上挂着长剑，背后是飘扬的旗帜。niji6 模式）为 prompt，生成的图画如下：

可以看到，Midjourney 会按照动漫创作的审美取向生成契合主题的作品。因此 niji 模式对动漫爱好者非常友好。

练习：利用 Midjourney 的不同版本和模式进行创作，对比各版本的特点。

设置风格强度

利用 Midjourney 进行创作时，我们通常会在 prompt 中对期望的绘画风格进行描述，例如在 prompt 中使用 "3 D render"（三维渲染）、"Chinese traditional drawing"（中国传统绘画）、"Picasso style"（毕加索风格）等一系列风格描述词。而具体以何种强度表现某种风格，就要用到 Style 按钮（命令），如下图所示。

在 Midjourney 中是以数值来表示风格强度的，数值范围是 0~1000。设置菜单中的四个风格强度按钮所对应的强度数值如下图所示。Midjourney 默认的风格强度是 "Style med"，即中等强度，对应的数值是 100。

下面我们来看看不同级别的风格强度对应的图画风格表现。

我们以 "a wild horse, oil painting style"（一匹野马，油画风格）作为 prompt，其中，"a wild horse"（一匹野马）是绘画主题，"oil painting style"（油画风格）是风格描述。

可以看出，上面四组图画都具有写实油画的风格，但强度有所不同。总的来说，风格强度数值越大，表现出来的油画肌理感越强。

我们再换一种风格描述看看效果。这次输入 "landscape of mountais and lake，Vincent willem van gogh style"（山和湖的风景，梵高风格）。

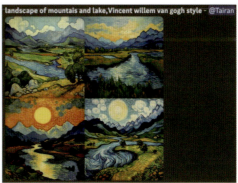

通过这四组图片能够看出，梵高风格的笔触和纹理随着风格强度的增大表现得越来越明显。

在 Midjourney 中，更为便捷的设置风格强度的方式是利用参数表达式，即

　　　　--s 强度数值

其中，强度数值是 0～1000 之间的任意整数。直接在 prompt 中附加该参数表达式，即可得到我们想要的风格强度。

例如，以"cityscape，water color style"（城市风光，水彩风格）为绘画主题和风格描述，分别附加风格强度参数表达式"--s 10"和"--s 1000"进行绘画，结果如下：

对比两组图画可以发现，两者都是水彩风格，但风格强度数值大的一组明显通过细节刻画和面积扩张加强了水彩风格在画面中的表现。

练习：使用设置菜单中的风格强度按钮以及风格强度参数表达式，让 Midjourney 输出具有不同风格强度的作品。

Public 模式

Public mode 即"公开模式"，用户在该模式下生成的所有作品都能被其他用户查看。该模式默认是打开的。只有高级付费订阅用户才能关闭该模式，把作品设置为不可见。

Fast 模式

Fast 模式（快速出图模式）是付费订阅用户才享有的功能，能够在服务器上以更快的速度生成图画。试用用户无法使用 Fast 模式。不同等级的订阅用户每个月所享有的 Fast 模式使用时间是不同的（见表 1-1）。出图需求量很大的用户，可以在不着急的时候关闭 Fast 模式，让服务器慢慢运算，这时 Midjourney 机器人会优先处理 Fast 模式用户的请求，然后在服务器不忙碌的时候再来处理一般模式用户的请求。这样做的好处是可以把快速出图的时间节省下来，留给需要提高工作效率时使用。在设置菜单中，【Fast mode】按钮为绿色表示其处于打开状态，为灰色表示其处于关闭状态，鼠标点击即可切换状态。

Remix 模式

前面讲到，在生成图画之后，我们可以通过点击按钮【V1】~【V4】来使其中某一张图画产生变化，生成四张和原图相似但又有差别的图。如果我们对某张图比较满意，但又希望在保持主体不变的情况下加入一些新的元素，这时就可以通过 Remix 模式（混合模式）来实现。在设置菜单中，【Remix mode】按钮为绿色表示其处于打开状态，为灰色表示其处于关闭状态，鼠标点击即可切换状态。

下面通过实例来详细说明。

我们先在 Remix 模式下生成一组图画，prompt 为 "an Asia young girl portrait"（一个亚洲女孩的肖像）。

假设我们对第三幅图比较满意，但希望给这个女孩戴上眼镜，这时点击【V3】按钮，便会弹出一个"Remix Prompt"窗口，提示用户可以在该窗口中对 prompt 进行修改。

我们在对话框中添加眼镜的描述词"with glasses"，然后点击【提交】按钮。

可以发现，新生成的图画是以我们选择的第三幅图作为参考，且前两张图中给女孩加上了眼镜。

Remix 模式同样适用于"重新作图"这个功能。点击图片下方的重新作图按钮 ，也会弹出"Remix prompt"对话框，修改 prompt 并提交后，Midjourney 便会重新生成一组符合描述词的图画。

练习：在 Remix 模式下，不断调整 prompt，得到最符合自己预期的作品。

重置设置菜单

在设置菜单中点击【Reset Settings】按钮，Midjourney 的各项参数均会恢复为官方预设的默认值。

练习：我们在这一章认识了 Midjourney 设置菜单中的各种功能按钮。这里的许多功能也可以在 prompt 中利用参数表达式调用，并可以组合使用，请大家自行探索和尝试。

第 3 章　prompt 描述逻辑

- ◆ 角　色
- ◆ 场　景
- ◆ 风　格
- ◆ 构　图
- ◆ 角色、场景、风格、构图的组合

要想利用 Midjourney 画出自己心中期待的作品，就必须学会利用 prompt 和 Midjourney 顺畅地沟通，让它准确理解你的意图。换言之，用好 prompt，是利用 AI 绘画的核心技能。在这一章，我们就以角色、场景和风格为例，来学习 Midjourney 的 prompt 描述逻辑。

角 色

我们前面已经讲过如何通过对话框与 Midjourney 机器人对话，这里不再重复。我们直接展示 prompt 及对应的生成结果。

prompt：a beautiful girl
（一个美丽的女孩）

可以看到，Midjourney 为我们生成了一组非常好看的人物图像，但是这些图像的表意都非常笼统和单调。要使其表意更明确，我们需要补充更多描述。

prompt：a beautiful girl with pink hair
（一个粉红色头发的美丽女孩）

可以看到，这次生成的图像所表达的主题更为明确。我们按照细化**prompt**的思路继续补充描述词。

prompt：a beautiful girl with pink hair in black t-shirt

（一个身穿黑色 T 恤的粉红色头发的美丽女孩）

目前生成的图像是一个有着白种人特征的女孩，我们可以调整prompt，使画面中的女孩拥有黄种人面孔。

prompt：a beautiful Asian girl with pink hair in black t-shirt

（一个美丽的身穿黑色T恤的粉红色头发的亚洲女孩）

不难发现，画中人物的表情还有点僵硬，我们继续调整prompt，使她表现出一些情绪，同时通过一些饰物传递出更多的角色特征。

prompt：a beautiful Asian girl with pink hair in black T-shirt, smile，sunglass，text on her T-shirt

（一个美丽的身穿黑色T恤的粉红色头发的亚洲女孩，微笑，墨镜，带有文字的T恤）

接下来，让这名女孩的头发再短一点，同时为衣服换一个颜色。

prompt：a beautiful Asian girl with pink bob cut hair in white t-shirt, smile, sunglass, text on her T-shirt

（一个美丽的身穿白色 T 恤的粉红色波波头发型的亚洲女孩，微笑，墨镜，带有文字的 T 恤）

我们再增加一点描述词，使画面中的女孩穿上牛仔裤。

prompt：a beautiful Asian girl with pink bob cut hair in white t-shirt, smile, sunglass, text on her T-shirt, jeans pants

（一个美丽的身穿白色 T 恤的粉红色波波头发型的亚洲女孩，微笑，墨镜，带有文字的 T 恤，牛仔裤）

到这里，相信大家已经发现，我们对角色的描述越详细，Midjourney 生成的图画就越接近我们的构思。我们可以以完整的句子来描述画面，例如 "a boy with a blue hat in black shirt is smiling."（一个戴蓝色帽子、穿黑色衬衫的男孩在微笑。），也可以直接写成用逗号隔开的一些词语，例如 "a boy，blue hat，black shirt，smile"（男孩，蓝色帽子，黑色衬衫，微笑）。这两种形式的提示词对于 Midjourney 理解而言是一样的效果。通常来说，描述角色时可以遵循 **"性别 + 年龄 + 服饰 + 情绪 + 视角 + 场景"** 的范式。

以上就是利用 Midjourney 绘制角色的基本逻辑，我们可以多加尝试，尽力去完善 prompt，以得到我们期望的图画。

练习：用 Midjourney 绘制自己设计的角色，使绘制结果尽可能接近自己的设计。

场　景

绘制场景的 prompt 也是有一定逻辑的。需要说明的是，在 prompt 中，逻辑并不是指英语语法①，而是向 Midjourney 描述你心中构想的画面时所使用的语言结构。

我们以绘制一间办公室为例来详细说明。

prompt：an office

（一间办公室）

_____

① 需特别说明的是，由于 Midjourney 尚不支持中文输入，本书中大部分案例的 prompt 是先以中文撰写，再借助翻译软件译为英文，尽管其语法不完全符合英文规范，但丝毫不影响 Midjourney 理解。这也从侧面反映了 AI 的强大之处。

和绘制角色的思路类似，接下来我们在 **prompt** 中加入更多描述。

prompt：a big bright office

（一间明亮的大办公室）

调整一下颜色。

prompt：a big bright office，blue color

（一间明亮的大办公室，蓝色）

再加入一点关于办公室细节的描述。

prompt：a big bright office，blue color，a big commercial district map on the wall，automatic coffee machine

（一间明亮的大办公室，蓝色，墙上有一张大大的商业街区图，自动咖啡机）

可以看到，随着 prompt 中描述词的增多，图画的细节越来越丰富。我们再尝试绘制一间中式风格的办公室。

prompt：a big Chinese bright office，wood color，Chinese painting on the wall，green trees outside of the big window

（一间明亮的中式大办公室，原木色调，墙上有中国绘画，大窗户外有绿色的树）

再换一组描述词。

prompt：night，an office of a game design company，yellow color，some concept art sketches，cityscape out of the big window

（夜晚，一间游戏设计公司的办公室，黄色调，概念设定的草图，大窗户外是城市景观）

我们再来绘制一组街道的场景。

prompt：street

（街道）

prompt：daylight，a street in downtown，skyscraper as background

（白天，市中心的街道，背景是摩天大楼）

prompt：daylight，a street in downtown of an Asian city，skyscraper as background

（白天，一个亚洲城市市中心的街道，背景是摩天大楼）

prompt : daylight，a street in downtown of an Asian city，skyscraper as background，advertisment billboards everywhere

（白天，一个亚洲城市市中心的街道，背景是摩天大楼，周围是广告牌）

我们再加入一些天气元素。

prompt : rainy day，daylight，a street in downtown of an Asian city，skyscraper as background，advertisment billboards everywhere

（雨天，白天，一个亚洲城市市中心的街道，背景是摩天大楼，周围是广告牌）

从上面的例子可以看到，在场景设计中我们也是通过不断完善细节描述获得自己想要的作品。概括而言，我们可以遵循"**主题＋细节＋天气＋氛围**"这样的范式去描述场景。例如：

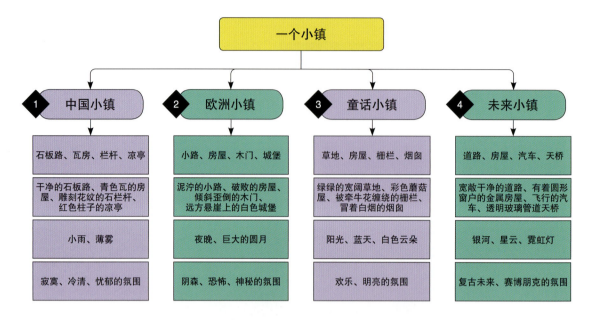

基于该范式，利用上面四组不同的描述，生成以下四幅场景图。

练习：尝试利用 Midjourney 绘制各种场景，包括室内、室外、城市、野外、森林、外星球等不同的主题。

风　格

　　对任何图画来说，"风格"都是必不可少的要素。无论是角色还是场景，都需要以某种风格来表现。因此在 prompt 中，关于风格的描述是必不可少的"咒语"。在前面的章节中，我们已简单提及关于风格的知识，在这里，我们再举一些简单的例子，以便读者了解风格对图画的影响。

　　先来看一看不加任何风格描述时的情况。

prompt：panda

　　　　（熊猫）

　　可以看到，Midjourney 给出了一组栩栩如生的熊猫绘画，但风格特征并不明显。很多时候，除了画出熊猫这一形象，我们还想表现出一些艺术化的风格。这时，我们可以在 prompt 中加入关于风格的描述。例如：

prompt：Panda，Cartoon style

　　　　（熊猫，卡通风格）

prompt：panda，children's book style

（熊猫，童书风格）

prompt：panda，3 D render，Pixar style

（熊猫，三维渲染，皮克斯动画风格）

prompt：panda，black and white sketch style

（熊猫，黑白素描风格）

prompt：panda，Minecraft style

（熊猫，《我的世界》游戏风格）

prompt：panda，Lego style

（熊猫，乐高风格）

prompt：panda，manga style

（熊猫，日本漫画风格）

prompt：panda，Chinese traditional painting style

（熊猫，中国传统绘画风格）

prompt：panda，Picasso style

（熊猫，毕加索风格）

prompt：panda，*paper art style*
（熊猫，纸艺风格）

prompt：panda，*realistic photo style*
（熊猫，写实照片风格）

prompt：panda，*Mexican skull art style*
（熊猫，墨西哥亡灵节风格）

　　不难看出，即便是极为简单的风格描述词，对于画面的影响也是十分巨大的。因此，在利用 Midjourney 绘画时，准确描述我们想要的艺术风格十分重要。要准确表达风格，需要我们有足够多的审美积累，了解足够多的艺术流派、艺术家、艺术潮流等信息。但是，作为个人，艺术经验始终是有限的。对此，我们可以借助现代工具来扩充我们的知识库，后文会以专门的章节来介绍。

　　练习：尝试利用不同绘画风格的描述词，创作不同艺术风格的绘画作品。

构　图

　　构图是指在视觉艺术（如绘画、摄影、平面设计等）中，将画面中的各种元素（如线条、形状、颜色、光影等）进行组织、排列和布局的过程。其目的是通过有序的结构，创造美感、传达情感、引导视线，并强化作品的主题和意图。

　　常见的构图方式有中心构图、三分点构图、散点构图、对角线构图等，如下图所示。

　　关于构图，有诸多专业的课程和著作，在这里就不展开介绍。在利用 Midjourney 创作时，我们可以用较为灵活的方式去表达构图。例如，可以用一些具体的描述，如倾斜的构图、稳定的构图、对称的构图、视觉中心在左上角的构图等；也可以用一些比较抽象的词去形容，如有压迫感的构图、电影般的构图、史诗般的构图、富有张力的构图等。

　　看看下面的例子。

prompt：A picture of Ultraman and a monster facing off, with a stable composition that is symmetrical on both sides, --ar 4 : 5
（奥特曼与怪兽对峙的画面，左右对称稳定的构图，画幅比例 4：5）

prompt：Ultraman standing on the corpse of a huge monster, dramatic composition, epic composition
（奥特曼站在巨大的怪兽的尸体之上，戏剧般的构图，史诗般的构图）

prompt：A picture of Ultraman fighting a monster, with a tilted composition, --ar 4 : 5
（奥特曼与怪兽战斗的照片，倾斜的构图，画幅比例 4：5）

prompt：Ultraman fights a gigantic monster, The huge size disparity and the oppressive composition
（奥特曼与巨型怪兽战斗，体型悬殊，具有压迫感的构图）

prompt：The picture is composed of colorful abstract lines，and the visual center is in the center of the picture

（彩色抽象线条构成的画面，视觉中心在画面正中央的放射状构图）

通过以上几组图画，我们可以感受到，不同构图对画面的表现力、张力等有很大的影响。在利用 Midjourney 创作时，我们有必要将关于构图的描述添加到 prompt 中，来更好地实现创意表达。

练习：尝试在 prompt 中添加对画面构图的描述，生成作品。

角色、场景、风格、构图的组合

以上分别介绍了利用 Midjourney 绘画时几种画面要素的 prompt 表达逻辑，基于此，我们就可以利用它们的组合来创作更为复杂的画面。

我们先尝试把前面画过的内容叠加在一起。

prompt：a beautiful Asian girl with pink bob cut hair in white t-shirt, smile, sunglass, text on her T-shirt, jeans pants, standing on the street in downtown of an Asian city, skyscraper as background, advertment billboards everywhere, daylight, realistic style, super real lighting

（一个美丽的穿着白色 T 恤衫并有着粉色波波头发型的亚洲女孩，微笑，墨镜，T 恤衫上有文字，牛仔裤，站在一座亚洲城市市中心的街上，背景有摩天大楼，到处都有广告牌，白天，写实风格，超写实的光线效果）

　　这四幅画都将我们所描述的要素逐一实现，构图平稳，镜头真实，前后景别都区分得很好，甚至还为女孩添加了手链、文身、橡皮筋、耳环等细节性的装饰。当然，"T恤衫上有文字"这一点的实现并不是很准确，不过在后续章节我们会讲到如何准确生成文字。可以看到，尽管上述 prompt 相对我们之前用到的更为复杂，但 Midjourney 依然很好地理解了这些词，并生成了 prompt 所描述的角色、场景与风格，输出了四幅整体和谐、符合描述的画面。

　　接下来，我们尝试以"角色+场景+风格（+构图）"的组合进行更多创作。

prompt：An old man dressed in ancient Chinese clothing, flying above the clouds, holding a scroll in his hand, gorgeous patterns on his clothes, endless mountains and rivers under his feet, flocks of birds flying in the distant sky, Chinese style illustration, many details, fantasy style composition, abstract decorative lines interspersed in the picture

（一名身穿中国古代服装的老者，飞翔在云彩之上，手里拿着一本卷轴，衣服上有华丽的花纹，脚下是无尽的群山和河流，远方的天空着有鸟群在飞翔，中国风插图，细节丰富，奇幻风格的构图，抽象的装饰感线条穿插在画面中）

prompt：a dragon in an art print riding clouds in the sky，in the style of light teal and red，naturalistic ocean waves，intricate and bizarre illustrations，Asian-inspired，art nouveau influences，enigmatic characters，swirling vortices
（艺术版画中的龙乘着云彩翱翔于天空，浅蓝绿色和红色的风格，自然主义的海浪，复杂而奇异的插图，亚洲风格，受新艺术主义影响，神秘的角色，旋转的漩涡）

prompt：A cute Asian girl in traditional Chinese clothes standing in the middle of the school football field, surrounded by many children from all over the world, everyone is playing happily, colorful balloons around, toys on the ground, dynamic and joyful pictures, bright sunlight, teaching buildings in the distance, Disney 3D animation style, many details, cinematic composition

（一个可爱的穿着中国传统服装的亚洲小女孩站在学校足球场的中间，周围围着很多来自世界各地的小朋友，大家在快乐地游戏，彩色的气球在周围，玩具在地上，动感欢乐的画面，明亮的阳光，远处有教学楼，迪士尼 3D 动画风格，细节丰富，电影感的构图）

相信通过以上几个案例，大家已基本知晓如何跟 Midjourney 机器人对话，生成一幅相对完整的作品。这些作品的 prompt 格式可大致归纳成如下公式：

prompt：角色 + 场景 + 风格 + 构图

也许 Midjourney 并不能创作出与你脑海中所设想的一模一样的画面（再次强调，真人艺术家也很难做到这一点），但只要我们善用 remix 模式这样的功能，不断调整 prompt，使描述越来越准确，Midjourney 给出的画面就会越来越接近我们心中所想。

练习：利用较为详尽的描述绘制包括场景、角色、风格等在内的 Midjourney 绘画作品。

第 4 章　画面的基本参数设置

- ◆ 利用 ar 参数设置画幅比例
- ◆ 利用 :: 参数设置画面元素权重
- ◆ 利用 q 参数设置画质
- ◆ 利用 style 参数设置 Niji 模式下的绘画风格
- ◆ 利用 no 参数排除不需要的内容
- ◆ 利用 stop 参数停止画面进程
- ◆ 利用 c 参数设置风格差异值
- ◆ 利用 r 参数设置多次生成值

通过前面三章的学习，我们已经初步掌握利用 Midjourney 绘制一幅图画的基本方法。但是，这些方法仅限于画面内容的表达。对于数字绘画而言，仅仅完成内容表达是不够的，大多数时候还需要处理长宽比、分辨率、亮度等技术细节。在本章，我们将学习如何在 prompt 中加入控制参数，控制画幅比例、画面元素权重、画质，排除不期望出现的画面元素、联想能力等等。熟练运用这些参数，可以大大提高与 Midjourney 机器人的沟通效率，得到更接近心中预期的画面。

控制参数的基本格式：**（空格）+ 双连字符 + 参数名称 +（空格）+ 参数值**。

利用 ar 参数设置画幅比例

相信大家已经发现，在前面各章中，Midjourney 输出的所有图片都是正方形的，那能不能更改画面的长宽比即画幅比例呢？答案是肯定的。要实现这一目标，就需要在 prompt 中输入 ar 参数。其应用格式为：

$$--ar\ x : y$$

其中，$x : y$ 即画面的宽度与高度之比。

画幅比例是一个源于摄影的术语，指一幅画面的纵横比。画幅比例的变化可以改变画面的空间感、深度、构图等，从而更加准确地传递出创作者想要表达的主题和意图。目前，市面上的大部分数码相机都有选择照片画幅比例的功能。随着智能手机、平板电脑、游戏机等终端设备和社交媒体等应用的出现，画幅比例变得越来越丰富。目前常见的画幅比例有 1：1、16：9、4：3、9：16、3：4、4：5、2：1 等，不同的画幅比例适合不同的内容表达。一般情况下，我们可以将画面简单地划分为横版画面和竖版画面，横版画面适合表现场景、风景这种横构图的画面，竖版画面适合人物面部或者全身的表现。当然，艺术创作不能一概而论，对画幅比例感兴趣的读者，可以进一步阅读与摄影相关的教程，进行更深入的学习。

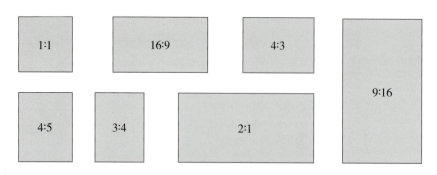

下面来看一些具体的案例。

我们在 prompt 中加入参数表达式 "--ar 16：9"，便可表明我们要创作的图画的宽高比是 16：9，即常见的横版高清画幅比例。这种横版画面视野开阔且稳定，在摄影中往往用来表现风景，所以可用在跟场景有关的 prompt 中。

prompt : mountains and lake，Chinese temple by the lake，waterfall，bright sky，forest close to the mountains in the far distance，landscape，modern illustration style，--ar 16 : 9

（山川和湖泊，湖边的中国寺庙，瀑布，明亮的天空，远处靠近山的森林，风景，现代插图风格，画幅比例 16：9）

prompt : a futuristic city，bright color，flying car in the sky，a giant skyscraper in the far horizon，--ar 16 : 9

（一座未来主义风格的城市，明亮的色彩，空中的飞行汽车，一座摩天大楼耸立在远处的地平线上，画幅比例 16：9）

接下来，我们在 prompt 中加入参数表达式"--ar 4：3"，即代表我们要创作的图画的宽高比是 4：3。这是在计算机普及之前电视机屏幕常见的画幅比例，也有许多儿童图书采用这样的画幅比例。

prompt：Two children are running in the autumn field，holding a net to catch butterflies，there is a house with a red roof under a big tree，and a red truck driving at the end of the road，picture book style，many details，movie-like composition，--ar 4：3

（两个孩子奔跑在秋天的田野里，举着网在抓蝴蝶，一棵大树下面有一幢红色屋顶的房子，公路的尽头驶来了一辆红色卡车，绘本风格，细节丰富，电影般的构图，画幅比例 4：3）

prompt：Interior，living room，old furniture and sofa，food waste all over the floor，a middle-aged man lying drunk on the sofa，holding an empty wine bottle in his hand，bright sunlight outside the window，80s movie scene，real shoot，--ar 4：3

（室内，客厅，旧家具和沙发，一地的食物垃圾，一个胖胖的中年男人喝醉了躺在沙发上，手里还握着空酒瓶，窗外是明亮的阳光，80 年代电影画面，真实拍摄，画幅比例 4：3）

接下来，我们将画幅比例改为 9 ：16。这是近十年来随着智能大屏手机的普及以及抖音、视频号等社交媒体的风靡而兴起的画幅比例，适合表现人物或纵向的事物。

prompt : An Indian female warrior with red patterns on her face and tattoos on her body, wearing clothes and boots made of animal skins, holding a bow and arrow in her hand, looking at the camera with firm determination, a full-frontal full-body portrait, with a strong sense of picture, --ar 9 ：16

（一个印第安女战士，脸上有红色的图案，身上有纹身，穿着兽皮制成的衣服和靴子，手拿弓箭，眼神坚毅地看着镜头，正面全身像，厚重的画面感，画幅比例9：16）

prompt : A trophy made of gold inlaid with precious stones, shining golden light, there are many hollow reliefs made of flowers on the trophy, the original style of the game, many details, --ar 9 ：16

（一座黄金镶嵌宝石做成的奖杯，闪着金灿灿的光芒，奖杯上有很多由花朵组成的镂空浮雕，游戏原画风格，细节丰富，画幅比例9：16）

下面我们再看看画幅比例为 3∶4 的效果，这是非常接近我们平时阅读的杂志、图书的比例，也很适合平板电脑这类智能终端。

prompt：sunset scene in Shanghai，lights among the buildings，busy street，--ar 3∶4
（上海的日落场景，建筑物之间的灯光，繁忙的街道，画幅比例 3∶4）

4∶5 的画幅比例，也比较适合表达竖向构图的画面。例如：

prompt：In a huge underground cave，a huge ancient stone statue stands in the center. The sculpture is a creature resembling a snake head and a human body. The light falls from the small hole at the top of the cave.The people of the archaeological team standing at the feet of the statue look very small. Mysticism，epic composition，dramatic atmosphere，--ar 4∶5
（一个巨大的地下洞穴里，一尊巨大的远古石头雕像伫立在中央，雕像是一个类似于蛇首人身的生物，光线从洞穴顶端的小洞口洒落下来，考古队的人们站在雕像的脚下显得异常渺小，神秘主义，史诗般的构图，戏剧化的氛围，画幅比例 4∶5）

4：5 的画幅比例也非常适合表现人物肖像（portrait）。例如：

prompt：An ancient Chinese general with vicissitudes of life，scars on his face，gray beard，portrait of the head of the character，3D realism，ultra-realistic details，3A game style，dramatic lighting，--ar 4：5

（一个中国古代将军，眼神沧桑，脸上有伤疤，灰白的胡须，人物肖像，3D写实，超逼真的细节，3A游戏风格，戏剧化布光，画幅比例 4：5）

prompt : Portrait of a black young man，resolute face，looking at the camera，black and white photography，studio interior lighting，--ar 4：5

（一位黑人男青年的肖像，坚毅的面容，注视着镜头，黑白摄影，摄影棚室内灯光，画幅比例 4：5）

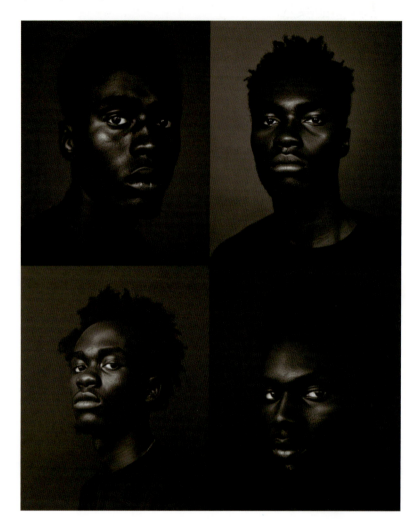

除了和所表现内容密切相关，画幅比例的变化也跟主流传播媒介的变化有着很重要的联系。现在很多新兴的创作方式和表现媒介，例如运动相机、360°全景相机、条形漫画长图、VR 头盔等都催生了新的画幅比例。

我们也可以自定义一些特别的画幅比例，如 2：1 或 183：236 等，这样可以大大增强创作和应用的灵活性。例如：

prompt : A yellow sports car running on a desolate road in the western United States，old movie style of the 80s，colorful Fujifilm，--ar 2：1

（一辆黄色的跑车奔驰在美国西部的荒凉公路上，80 年代老电影风格，彩色富士胶片，画幅比例 2：1）

prompt：a tree in the wilderness，--ar 183：236

（荒野中的一棵树，画幅比例 183：236）

　　通过以上案例可以看出，不同的画幅比例适合表现的内容是完全不同的，有的适合表现场景，有的适合表现肖像，有的适合表现故事情节，需要结合所要表现的内容来确定。当然，在实际应用中，画幅比例往往是由具体的应用场景或者呈现载体来决定的，所以可以按照自己的创作需求和应用需求来设置独特的画幅比例。

　　练习：利用 ar 参数创作画幅比例不同的作品，并体会各种画幅比例的视觉特点。

利用::参数设置画面元素权重

::（双英文冒号）参数是用来调节画面元素权重的参数，又称权重参数。那什么是画面元素权重？我们先来看一个经典案例。

prompt：hot dog

（热狗）

我们都知道，"热狗"这个词专指一种美国传统食物，正如图中所展现的那样。但如果我们想要绘制的就是一只"很热的狗"呢？那就需要用到::参数了。

prompt：hot:: dog（注意双冒号之后需要先输入空格再输入描述词）

（很热的狗）

可以看到，加入 :: 参数后，就可以画出一只处于较热的环境中的狗。

我们尝试加大"热"这个词在"很热的狗"中的表现权重，例如增加 1 倍，就需要在"热"（hot）字后面添加参数表达式"::2"。

prompt：hot::2 dog

（很热的狗）

可以看到，相比上一案例，图画中多了"火"这一元素，热的程度更甚。

再来看一个例子。在英文中，firefly（萤火虫）是由 fire（火焰）和 fly（飞翔；苍蝇）两个词合成的，我们对比一下将两个词设为不同权重时所产生的效果。

prompt：firefly

（萤火虫）

prompt：fire:: fly

（火焰，飞翔）

prompt：fire:: 2 fly

（火焰，飞翔）

可以看到，改变 fire 和 fly 两个词的权重，会严重影响 Midjourney 机器人对画面的理解。有时，当权重数值相差很大时，Midjourney 的想象力会 "彻底放飞"，产生很多意想不到的创作表达。

在理解 :: 参数的作用后，我们便可以将其灵活运用于更多场合，以满足不同的表达需求。例如，利用 :: 参数控制画面中的色彩元素。

prompt：a bunch of colorful cables

（一堆彩色的电缆）

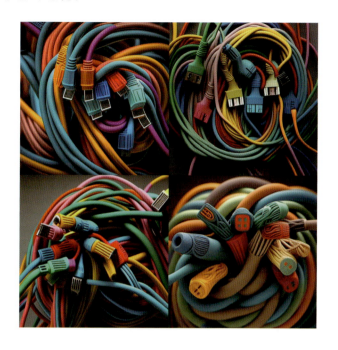

我们通过::参数来减少红色电缆的数量。

prompt：a bunch of colorful cables::red::-.5

（一堆彩色的电缆）

在这里用了两个"::"，前一个用于指定色彩，后一个用于指定该色彩的权重。很明显，在prompt中加入"::red::-.5"这一参数表达式后，画面中红色电缆的数量减少了很多。

除了色彩，画面中的许多元素都可以用权重参数来控制。再来看一个例子。

prompt：a cute monster with many eyes

（有很多眼睛的可爱怪兽）

下面通过::参数增加眼睛的数量。

prompt：a cute monster::with many eyes:: 3

（有很多眼睛的可爱怪兽）

可以看到，加入::参数后，怪物的眼睛数量明显增多了，不过好像不是那么可爱，有一点可怕。

练习：利用::参数设置画面中不同元素的权重。

利用 q 参数设置画质

我们这里所说的画质，指的是一幅图画的细节刻画和光影层次。Midjourney 中，画质这个参数值的区间是 0.25~2，0.25 代表最低级别的细节刻画和光影层次，2 代表最高级别。若未作专门设置，Midjourney 在输出图画时的画质默认值是 1。我们可以在 prompt 中使用 q 参数进行画质的设置。其应用格式为：

　　　　--q x

其中，x 的取值范围为 0.25~2。

下面，我们通过一系列案例来看一看不同 q 参数对应的画质的区别。

prompt：a cyborg female in red jacket，highly detailed，cyberpunk 2077 style

　　　　（一个穿着红色夹克衫的赛博格［半人半机械的］女性，细节丰富，赛博朋克 2077［一款科幻游戏］风格）

这组图画的 q 参数为默认值 1，在画质上保持了比较平衡的设置。我们把下一组图画的画质设置为最低值 0.25 看看效果。

prompt：a cyborg female in red jacket，highly detailed，cyberpunk 2077 style--q 0.25

（一个穿着红色夹克衫的赛博格女性，细节丰富，赛博朋克 2077 风格，画质参数 0.25）

非常明显，从衣服细节、材料质感、场景层次的对比来看，q 值为 0.25 的这组图少了很多细节刻画，整体表现更为笼统。

再将 q 值设为 1.5 和 2 来看看效果。

--q 1.5   --q 2

对比以上四组图，我们能看出它们在画面细节和光影层次上比较明显的差距。如果对比 q 值为 0.25 和 2 的两组图，可以更直观地看到服装的材质、头发的细腻度、眼神的刻画等都有很大的不同。有的人可能会说，那我每次都把 q 值设为 2 不就行了吗？其实，在很多实际应用中，我们并不需要每一张图都刻画这么多细节，在许多概念艺术里，创作者营造氛围时甚至会故意留白，这本身也是一种想象力的交流。当然这里还涉及一个非常关键的问题，q 值的大小会影响 Midjourney 的出图速度，q 值越小出图越快。有时我们需要快速出图，以寻找灵感，就不宜将 q 值设得过大。

再来看另一组内容相同但画质参数不同的作品。

prompt：There is a huge castle in the middle of the vast field，the castle is a mixture of medieval European and ancient Japanese styles，white clouds are floating in the blue sky，a huge airship is in the distant sky，birds are flying，Hayao Miyazaki style，Ghibli style

（广袤的田野中间有一座巨大的城堡，城堡混合了中世纪欧洲和日本古代风格，蓝天中飘着白云，巨大的飞艇悬浮在遥远的天空中，鸟群在飞翔，宫崎骏风格，吉卜力风格）

--q 0.25

--q 1

--q 1.5   --q 2

不难看出，在同样的描述词后面添加不同的画质参数，会明显影响画面的细节刻画程度。当然，画质参数并不是越高越好，而应根据画面的具体情况和表达需要来设置。

练习：利用不同的画质参数生成具有不同绘画品质的作品。

利用style参数设置Niji模式下的绘画风格

在第二章中已介绍过，在prompt中输入"--niji 版本号"（如--niji 6）就可以切换到专门绘制二次元风格图画的niji模式。在这个模式下还有三种主要的风格，可以通过style参数来激活。其格式分别为：

    --style cute   （偏可爱的风格）

    --style expressive   （富有表现力的风格）

    --style scenic   （突出场景渲染的风格）

我们通过实例来看看三种风格的不同表现。

prompt：cute blue elephant with orange hat--niji 5

    （戴着橙色帽子的可爱的蓝色大象--niji 5）

--style cute

--style expressive

--style scenic

cute模式下的小象，虽然没有表情和动态，但有种很呆萌可爱的感觉；expressive模式下的小象则有着生动的表情和眼神；scenic模式下的小象则被置于一个包含光线和背景的简单场景里。

prompt：An Asian high school student band--niji 5

（一支亚洲高中生乐队--niji 5）

--style cute   --style expressive

--style scenic

　　通过这个案例可以发现，cute 模式侧重于表现乐队里角色的可爱外形，expressive 模式侧重于表现乐队成员演奏时的生动姿态和表情，而 scenic 模式则侧重于表现乐队身处一个完整场景中的氛围。

　　这三种模式适用于不同的绘画需求，例如用 cute 模式可以生成一些可爱的 Q 版风格的角色，而用 expressive 模式则可以为角色添加情绪，特别适合绘本或者漫画中的情绪表达，scenic 模式则适合表现角色身处的环境和氛围，叙述故事情节。合理地运用这几种模式，就可以快速绘制出带角色、情感、场景等的具有叙事性的作品。

　　练习：切换到 niji 模式，利用三种风格参数进行创作。

利用 no 参数排除不需要的内容

　　作为一款人工智能绘画工具，Midjourney 在创作时会基于 prompt 进行一定程度的"演绎"，因此在输出的画作中，难免有我们不期望出现的内容，例如某种色彩、元素或者角色。对此，我们可以利用 no 参数来降低这些内容出现的概率。其应用格式为：

　　　　--no 不需要的内容

　　下面举例说明：

prompt：a plate of tropical fruits，bright background

　　　　（一盘热带水果，亮丽的背景）

　　显然，葡萄并不是热带水果，应该从画面中剔除。因此，可以在 prompt 中加入"--no grapes"。

prompt：a plate of tropical fruits，bright background， --no grapes
（一盘热带水果，亮丽的背景，排除葡萄元素）

可以看到，尽管在第 2 和第 4 幅图中仍可以看到少量葡萄，但总的来说，加入 "--no grapes" 参数进行控制后，葡萄出现的概率大大降低了。像这样不断优化，便可以使作品越来越符合预期。

再来看一个例子。

prompt：Mavel heroes team，comic style
（漫威超级英雄小队，漫画风格）

假设在实际的漫画创作工作中，需根据情节需要删去女性角色，可以在 prompt 中添加 "--no female"。

prompt：Mavel heroes team，comic style，--no female

（漫威超级英雄小队，漫画风格，排除女性角色）

同样可以发现，使用 no 参数并不能完全删除计划外的内容，但可以使这些内容出现的概率降低，继续使用该参数重新创作几次，我们便可以得到想要的图画。

下面再来看看 no 参数在色彩控制方面的应用。

prompt：colorful balloons flying above the city

（彩色的气球在城市上空飞翔）

现在我们尝试减少画面中红色的含量，在 **prompt** 中添加 "--no red" 即可。

prompt：colorful balloons flying above the city, --no red

（彩色的气球在城市上空飞翔，排除红色元素）

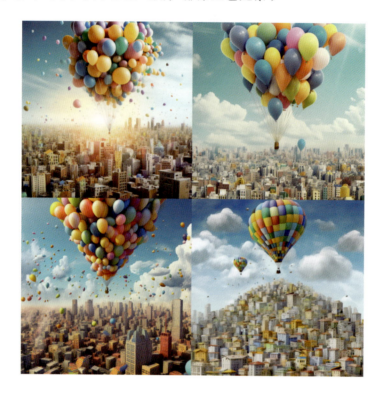

对比可见，重新创作的图画中，红色的含量大幅降低，整体色调更为梦幻、轻盈。

练习：利用 no 参数控制画面中某种元素出现的概率。

利用 stop 参数停止画面进程

在 Midjourney 中，绘画的完成度是以百分数来显示的，默认的完成度是 100%。但有时，我们也期望看到作品绘制到某个进度时的状态，例如绘制到 30% 就停下来，这时就需要用到 stop 参数来控制绘画进程停止的位置。其应用格式为：

--stop x

其中，x 为 1~100 之间的任意整数。

现以 "a concert poster on the corner of the wall on the street"（一张张贴在街头墙角的音乐会海报）为 prompt 来生成图画，并先后输入 --stop 30/60/90/100 四个参数来看看生成效果。

--stop 30

--stop 60

--stop 90

--stop 100

可以看到，人工智能绘画和传统绘画在程序上有很大不同。

练习：利用 stop 参数输出特定绘制进度的图像。

利用c参数设置风格差异值

Midjourney能够生成各种风格的图画，但是在同一次生成的四幅图画中，如果没有加入特定的风格描述，其生成结果往往是非常固定和保守的，基本以写实风格为主。有时我们在利用Midjourney创作之前，关于风格并没有特别明确的想法，而是希望Midjourney生成不同风格的作品，给我们提供一些灵感。这时我们可以利用c参数来调整每一次输出的四幅图画之间的风格差异。其应用格式为：

--c x

其中，x为 0～100 之间的任意整数，默认值为 0，数值越大风格越多样。

现以 "a young man walking by the river"（一个沿着河边行走的年轻人）为prompt来生成图画，并先后添加不同的c参数，看看输出的几组图画的风格变化。

--c 0

--c 25

--c 50

--c 75

--c 100

可以看到，c值越大，图画风格越多样（但有时内容表达也会"失控"）。我们可以把这个参数理解为 Midjourney 机器人的联想空间的大小。在前期创意阶段，利用好c值来进行风格、构图、元素等方面的"头脑风暴"是非常有效的，有时能带给我们很多不错的灵感。

练习：在创作中熟练应用c值，以获得更多样的风格。

利用r参数设置多次生成值

有时，为了寻找创作灵感，需要进行大量创作尝试，我们会反复在对话框输入相同的命令并一遍遍发送，非常麻烦。这种时候我们可以利用r参数来控制生成次数，即一次性给 Midjourney 服务器发送多次重复运算指令。其应用格式如下：

--r x

其中，x 从 2～40 不等，意即最少可以重复 2 次，最多可以重复 40 次。这个值是由用户的订阅套餐决定的。

● 基本订阅用户：2～4 次。

● 标准订阅用户：2～10 次。

● 专业和超级订阅用户：2～40 次。

另外需要注意，r参数只能在快速和极速生图模式下使用。

下面举例说明。

prompt：a cute little bunny sitting in the snow，with a lovely expression and wearing a red scarf，Disney Pixar style，soft background，Christmas mood --r 4

（可爱的小兔子坐在雪地上，可爱的表情，戴着红色的围巾，迪士尼皮克斯动画风格，柔和的背景，圣诞节的氛围，重复 4 次）

点击发送，会得到服务器的询问："是否确定要重复 4 次？"

点击【Yes】按钮，很快就会看到 Midjourney 生成了四组共 16 幅图画。

r参数的应用比较简单，这里不再赘述。

练习：在创作中应用r参数，一次性生成多组图画。

以上就是Midjourney中常见的参数及其运用方法。合理运用不同的参数，能够帮助我们更高效和更富有创意地创作，得到更具个人风格的作品。同时需要注意，各种参数不是孤立的，需要组合运用才能发挥最大效用。例如：

prompt：A brave 10-year-old boy holding a colorful laser gun is fighting a giant green octopus-like alien creature on the surface of a strange planet, in retro 2D cartoon style with clean outlines and colors, --ar 16：9 --niji 6 --q 1.5

（一个勇敢的10岁男孩拿着彩色的激光枪，正在陌生的星球表面和一个形似巨大章鱼的绿色外星生物战斗，复古2D卡通风格，干净的轮廓线和鲜明的色彩。画幅比例16：9，niji 6模式，画质参数1.5）

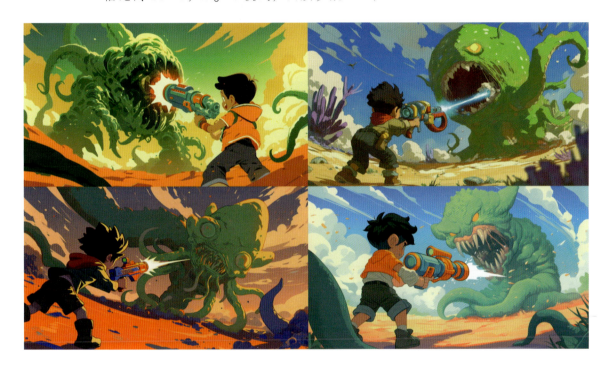

prompt：A group of people in archaeologist uniforms holding torches walked in a huge underground maze passage，with strange patterns carved on the walls.It was in the style of American youth TV cartoons，with adventure themes, a mysterious atmosphere，and red and blue images，--ar 5：4 --niji 6 --no female --q 1.3

（一群穿着考古学家制服的人举着火把行走在巨大的地下迷宫通道里，墙上雕刻着奇怪的图案，美国青少年电视动画片风格，冒险题材，神秘的氛围，红色与蓝色的画面。画幅比例5：4，niji 6模式，排除女性角色，画质参数1.3）

prompt：Several female warriors from ancient ethnic minority tribes are standing on a huge rock and looking into the distance，--ar 7：4 --no male --c 50 --r 2

（几个古代少数民族部落的女战士正站在一块巨大的岩石上眺望远方。画幅比例7：4，排除男性角色，风格差异值50，重复2次）

　　像这样将c参数（风格差异值）和r参数（重复生成次数）结合使用，在寻找灵感阶段是很有用的。有时将两者都调到最大值，可像"开盲盒"一般不断收获惊喜。

　　练习：在创作中综合运用各种参数，熟悉各种参数的含义及数值区间。

第 5 章　以图生图

在前面各章，我们都是利用对图画的自然语言描述来生成图片，即"以文生图"。本章将介绍如何让Midjourney "以图生图"。顾名思义，"以图生图"就是用已有的图画作为参考，让Midjourney据此绘制新的作品。这项功能可以帮助我们高效地创作多幅构图、风格以及角色相似的图画，形成一组彼此关联的作品。在网络上，AI画师们把这项功能叫作"垫图"。

上传图片作为参考

上传已有的图片作为Midjourney绘画的参考是目前最常见的方法。现以根据真实照片生成人物肖像为例，说明其操作方法。

（1）点击对话框最左侧的【＋】号，会弹出一个菜单，如下图所示。

（2）点击【上传文件】，弹出上传文件窗口。

（3）在本地文件夹中选中计划上传的图片，点击【打开】按钮，回到对话框。按回车键发送图片，我们就会看到图片被发送给了 Midjourney 机器人。

（4）单击该图片，让它显示在独立的窗口中。然后在图片上单击右键，在弹出菜单中选择【复制链接】。

（5）回到主界面，先将刚刚复制的链接粘贴在 prompt 输入框中，然后删掉链接的后半部分，以图片格式的后缀名（目前支持 PNG 和 JPG）作为结尾。

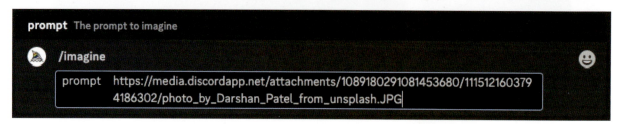

（6）在参考图片的链接后方加上本次绘图要用到的 prompt，本例中为 "an Asia young man"（一名年轻亚洲男性）。最后将该 prompt 发送给 Midjourney 机器人，生成新的图画。

可以看到，Midjourney 以我们给出的人物照片作为参考，画出了造型、服装、背景等都非常相似的人物肖像。

我们还可以给角色加入一些卡通特征。例如，在 prompt 中加入 "pixar style"（皮克斯动画风格），就会得到一组融合了真人特征和卡通风格的图片。

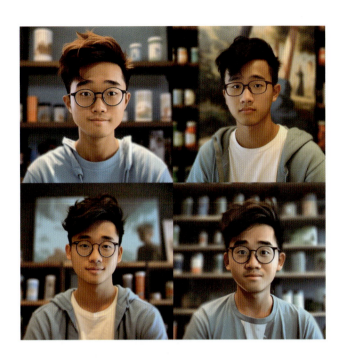

　　除了以本地图片作为参考，我们也可以使用网络上的图片作为参考。操作方法大体相似，先在网络上找到一张自己喜欢的图片，获得其链接，然后将该链接粘贴在 prompt 输入框中，最后添加自己需要的描述词即可。

　　以下是以网络图片作为参考进行创作的示例。

参考图　　　　　　　　　　　　　　　　　生成图

需要特别说明的是，运用"以图生图"的方式进行创作，虽然可以大幅提高工作效率，但在此之前要深入了解相关版权风险，规避版权问题。

练习：分别以本地图片和网络图片为参考图，练习以图生图。

利用 blend 命令融合两张图片

使用 blend 命令可以把两张不同的图片发送给 Midjourney 机器人，让其将这两张图片的特征融合起来，创造一组全新的图片。

blend 命令的使用方法如下：

（1）在对话框中输入"/blend"并发送。

（2）在 Midjourney 回应的对话框中，通过拖拽或点击上传的方式，上传两张不同的图片。

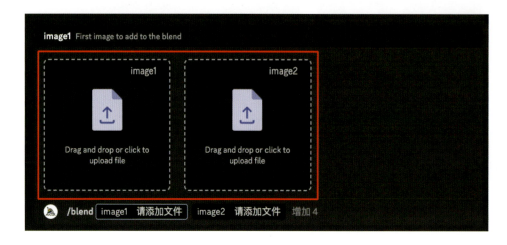

（3）图片上传完成后，按回车键发送。

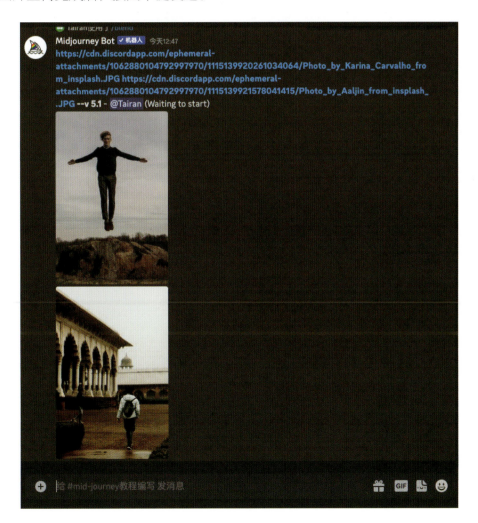

（4）很快，Midjourney 就融合两张图的特征，生成了一组新的图。

（5）我们还可以通过添加描述词 "look up, front view"（仰视，正面），调整人物位置，使其面对镜头。

除了融合同种风格的图片，利用 blend 命令还可以将两种风格完全不同的图片融合，得到极富创意的图片。

例如，我们将一张真实照片和一张古典版画风格的插画进行融合处理，得到了极具创意的超现实主义的奇幻插画风格作品。

　　又如，我们将一张小狗的照片与复古风格的海报进行融合处理，得到了波普风格的动物插画。

通过这几个示例我们可以看到，Midjourney 能提取两张不同图片中的风格、构图、色彩等关键信息，并对其进行和谐的艺术融合。这是 AI 具有惊人学习能力和创造能力的一个例证。作为人类个体，我们将从小学习的知识进行融合创造，需要大量时间和技巧的积累，但 AI 可以在极短时间内完成融合并给出颇为理想的结果，这为我们探索艺术世界提供了更多的可能性。当然，AI 只是工具，人类个体才是审美方向的决定性因素。

练习：利用 blend 命令进行多图融合绘画，创作令人耳目一新的作品。

利用 iw 参数控制参考图权重

我们在使用参考图绘图时，有时会希望 Midjourney 尽可能依照所给的参考图去创作，而有时又希望 Midjourney 能够在参考图的基础上加大创意力度，反过来给我们一些灵感。这时我们可以利用 iw 参数来调整参考图在新绘制图画中的表现权重。其运用格式如下：

  --iw x

其中，x 是权重值，取值范围为 0.5~2，默认值为 1。该值越大，Midjourney 绘制的图画就越接近我们提供的参考图。

现以一张猫咪的照片为参考图，设置不同的权重值，绘制新的图画。

--iw. 5

--iw 1

--iw 2

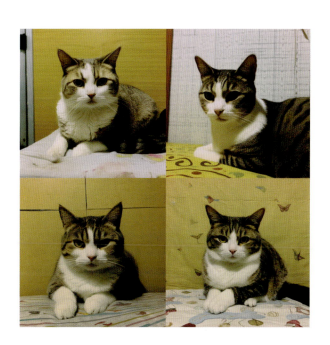

我们能非常明显地看到，不同的权重值对 Midjourney 生成新图产生了不同的影响。在创作过程中，合理运用这一参数，对于控制出图效果有很大帮助。

再看一个案例，以一幅动漫风格的插画为参考生成新图。

--iw. 5

--iw 1

--iw 2

　　不难看出，Midjourney 根据参考图生成新的图画时明显受到了权重参数的影响，不过有时也会出现很多奇怪的画面，例如多手多脚、元素错位等，需要多次尝试才能创作出符合期待的图画。这也是 AI 绘画的一个重要特点。

　　练习：利用权重参数控制图画的生成。

利用 describe 命令生成 prompt

有时，我们也许会遇到这样的情况：在某个地方看到一张好看的图片，想用它进行二次创作，但又不想写那么复杂的 **prompt**，或者根本不知道该如何描述它。这时，我们就可以借助"/describe"命令来帮助我们提取画面中的特征，生成 **prompt**。

具体操作方法如下：

（1）在对话框中输入"/describe"，发送给 **Midjourney** 机器人。可以看到，在窗口中出现两个选项，分别是"image"和"link"，代表图片模式和链接模式。我们这里选择图片模式，即点击【image】。

（2）根据 **Midjourney** 机器人的提示，上传需要提取特征的图片。

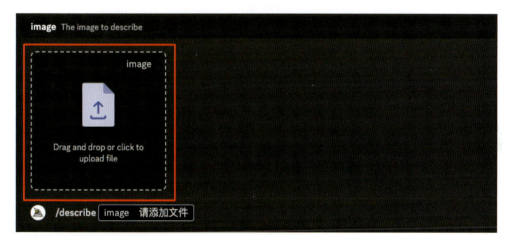

（3）回到 **Midjourney** 主界面，按回车键，将所选图片发送给 **Midjourney** 机器人。

（4）**Midjourney** 开始对图片进行分析，并在分析完成后回复 4 段完整的描述词。

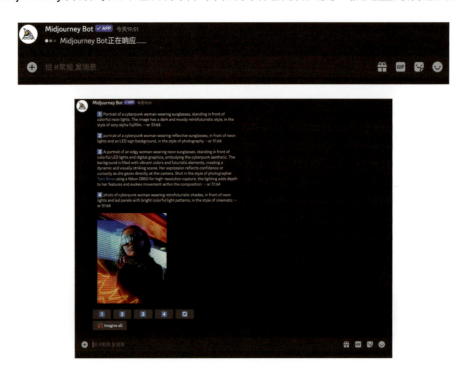

　　为便于查看，现将这 4 段描述词列于下方。值得一提的是，深入研究 **Midjourney** 生成的描述词，是学习撰写高质量 prompt，与 **Midjourney** 机器人高效对话的一种重要途径。

Portrait of a cyberpunk woman wearing sunglasses，standing in front of colorful neon lights. The image has a dark and moody retrofuturistic style，in the style of sony alpha fujiflm. --ar 51：64（一位站在五颜六色的霓虹灯前的戴着墨镜的赛博朋克女性的肖像。这张图片有一种黑暗而阴郁的复古未来主义风格，是索尼阿尔法富士胶片的风格。画幅比例 51：64）

portrait of a cyberpunk woman wearing reflective sunglasses，in front of neon lights and an LED sign background，in the style of photography. --ar 51：64（一位戴着反光太阳镜的赛博朋克女性的肖像，在霓虹灯和 LED 标志的背景下，具有摄影风格。画幅比例 51：64）

A portrait of an edgy woman wearing neon sunglasses，standing in front of colorful LED lights and digital graphics，embodying the cyberpunk aesthetic. The background is filled with vibrant colors and futuristic elements，creating a dynamic and visually striking scene. Her expression reflects confidence or curiosity as she gazes directly at the camera. Shot in the style of photographer Tami Bone using a Nikon D 850 for high-resolution capture，the lighting adds depth to her features and evokes movement within the composition.--ar 51：64（一位戴着霓虹太阳镜的前卫女子的肖像，站在五颜六色的 LED 灯和数字图形前面，体现了赛博朋克的审美。背景充满了鲜艳的色彩和未来主义元素，创造了一个动态和视觉上引人注目的场景。当她直视镜头时，她的表情反映出她的自信或好奇。以摄影师塔米·伯恩的风格使用尼康 D850 进行高分辨率拍摄，灯光为她的五官增添了立体感，并通过构图营造出动态感。画幅比例 51：64）

photo of cyberpunk woman wearing retrofuturistic shades，in front of neon lights and led panels with bright colorful light patterns，in the style of cinematic. --ar 51：64（赛博朋克女性戴着复古未来主义墨镜的照片，前面是霓虹灯和带有明亮彩色灯光图案的 LED 面板，具有电影风格。画幅比例 51：64）

在 Midjourney 机器人回复的描述词窗口中，有 4 个与描述词相对应的图画生成按钮，点击它们就可以根据对应的描述词生成新的图画。这 4 个按钮后面还有一个重新生成描述词的按钮，如果我们对当前的 4 段描述词都不满意，可以点击它，让 Midjourney 重新给出 4 段描述词，直至满意为止。

此外，点击最下方的【Imagine all】按钮，可根据以上 4 段描述词一次性生成 4 组新的图画。有时，我们难以判断 4 段描述词的优劣，就可以直接点击这个按钮，从新生成的图画中选择自己满意的。

可以看到，这些图画都很好地还原了参考图画的构图、色彩、氛围感等，但又和原图不尽相同。

如果我们在设置菜单中打开了 Remix 模式，那么在每次点击对应按钮生成新图的时候，都会弹出含有相应描述词的对话框，我们可以在这里对 Midjourney 提供的描述词进行修改。

例如，我们对描述词进行少许修改，加入 "comic style，cyborg"（漫画风格，赛博格）等新的描述词，就可以得到一些有变化的图画。

前面提到，在给 Midjourney 机器人提供参考图片时，除了选择本地图片，也可以使用链接模式，即 link 模式。下面举例说明。

（1）通过对话框发送 "/describe" 命令，在菜单中选择 "link" 选项。之后便可看到链接输入框出现在对话框中。

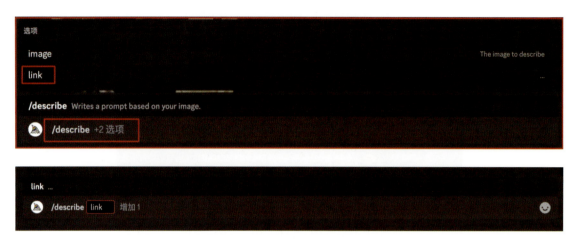

（2）在网络上找到想要参考的图片，并复制该图片的地址。

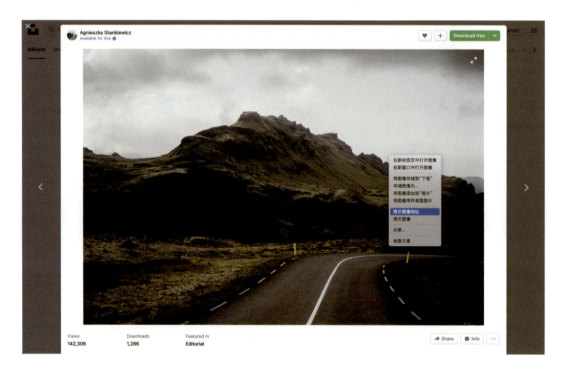

（3）回到 Midjourney 主界面，把刚刚复制的图片地址粘贴到链接输入框中，然后按回车键发送。

（4）很快，Midjourney 机器人就会回复其分析得出的 4 段描述词。

我们直接点击【Imagine all】按钮，基于这 4 组描述词一次性生成 4 组图画，对比生成效果。可以发现，新生成的图画较好地保留了参考图的特征，且加入了更多细节，使用户有更多选择。

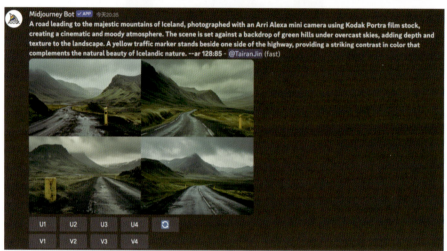

由以上案例可以发现，describe命令大大提高了我们的创作效率，有时只需对Midjourney给出的描述词稍加修改，就能得到极具创意且风格鲜明的作品。同时，Midjourney机器人也为我们写出良好的prompt做出了示范。

练习：使用describe命令获取图片特征，并尝试修改Midjourney生成的prompt，得到和原图风格完全不同的作品。

利用seed值创建统一角色

从前面的案例中我们不难发现，虽然Midjourney具有非凡的创造能力和绘画能力，但几乎每一次生成的图画都是随机的，角色和场景千变万化。那我们能不能连续多次生成完全一致的角色呢？答案是肯定的——尽快目前的解决方法还不够完美和稳定。

第一种方法在前面已经介绍过，即为Midjourney指定参考图，并在prompt中添加关于角色表情和动态的新的描述。具体操作此处不再赘述。需要指出的是，用这种方法生成的一系列角色形象，仔细观察还是会发现一些偏差。如果期望角色形象更稳定、更统一，就要采用第二种方法，即利用 seed 值（通常被称作"种子值"）来维持角色的一致性。

下面举例说明：

（1）以"A cute ancient Asian boy，blue clothes，yellow hat，full body portrait，Miyazaki style，--ar 4∶5"（一个可爱的亚洲古代小男孩，蓝色的衣服，黄色的帽子，全身像，宫崎骏风格，画幅比例 4∶5）为 prompt 生成一组图片。

（2）点击【U4】按钮，将第四张图单独放大。可以看到，在 Midjourney 机器人回复消息的右上方有一个菜单栏，点击"添加反应"图标。

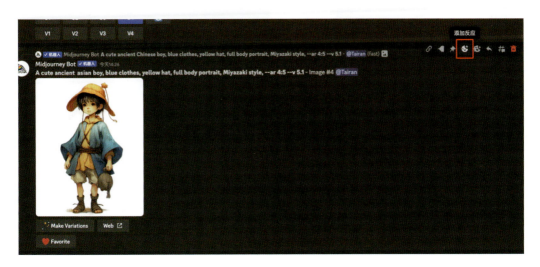

（3）在弹出的选项框顶端输入"envelope"，此时会弹出几个信封图标，点击第一个。

（4）我们很快会收到 Midjourney 机器人发来的一条消息，点击这条消息，便可以看到选定图片的详细信息。该信息的最下面一行即 seed 值。以这张图片为例，其 seed 值是 368730617。

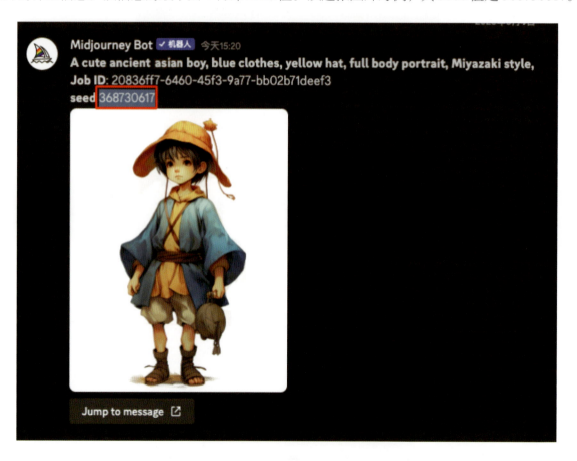

（5）回到我们自己的 Midjourney 服务器，继续尝试生成具有一致性的角色。注意在 prompt 的末尾添加该 seed 值。

prompt : A cute ancient Asian boy，blue clothes，yellow hat，sitting under a tree，
Miyazaki style，--ar 4：5--seed 368730617

（一个可爱的亚洲古代小男孩，蓝色的衣服，黄色的帽子，坐在树下，宫崎骏风
格，--ar 4：5--seed 368730617）

（6）尝试把角色动作换成 "eating rice"（吃饭）。

（7）再尝试把角色表情换成"Crying"（哭泣）。

从这一系列图画可以看出，角色具有较好的一致性。不过，不管是提供参考图还是利用 seed 值，Midjourney 都不能确保生成的角色完全一致，例如五官、服装样式等都可能有一定的差别，我们只能通过生成大量的图片来筛选一致性更强的图片。

练习：尝试在 prompt 中使用 seed 值，绘制一系列角色形象稳定的插画。

利用 cref 命令创建统一角色

Midjourney 从 v6 版本开始，增加了全新的 cref 命令来进行角色一致性控制，这为用户提供了另一种创建统一角色的方法。其使用方法类似于提供参考图片，即"垫图"，但 Midjourney 所参考的不是画面风格，而是聚焦于角色的面部特征以及服饰特征。

在应用中，我们通过输入"--cref"来加载参考角色图片，通过权重参数（cw 值）来控制参考角色的面部及服饰特征在新的画面中的表现强度。cref 即 character reference（角色参考）的简写。cw 值在 0 到 100 之间，默认值是 100，即参考角色面部、发型、服饰等全部特征；0 为最低，表示只参考角色的面部特征。

下面举例说明。

（1）先让 Midjourney 生成一张角色图片。

（2）复制图片链接。

（3）在对话框中输入新的 prompt。注意，新的 prompt 应遵循以下格式：

prompt：描述词＋角色参考图链接＋参考图权重

为方便大家认识这个命令，在此用红色表示描述词，用蓝色表示角色参考图链接，用黄色表示参考图权重。

prompt：a boy is running on the playground，play with friends，laugh，sunny，happy，pixar style，3d cartoon style，action shot，--ar 16：9 --cref
https：//media.discordapp.net/attachments/ 1110770327056826380 / 124425
9613512171621 /tairan 2023 _portraita_cute_Chinese_boy_with_yellow_base_
ball_hat_023 b 1363 - 95 c 9 - 4765 - 855 f- 3 afc 170 ale 79 .ong?
ex= 66547691 &is= 66532511 &hm=b689f15a2c5d6533feleb9f2ccc24caef46145
13 bd 67879539 a 73 fd 57 c 2 d 3 f&-Sformat=webp&quality-lossless& width= 1404 &
height= 1404 --cw 100

（4）将以上 prompt 发送给 Midjourney 机器人，便得到下面的图片。

可以看到，Midjourney 在生成的场景中很好地还原了角色形象。

接下来，我们按照此方法多尝试几次，看看效果。先将 **cw** 值设为 50。

再将 cw 值设为 0，可以看到 Midjourney 仍较好地还原了角色的面部特征，保持了角色的一致性。

前面讲过，Midjourney 生成图画存在一定的随机性，有时需要反复尝试才能得到称心如意的画面。我们也可以综合运用画面调整、局部重绘等工具（详见第 6 章），来辅助我们完成创作。

本小节的最后，我们再来看看在 Niji 模式下使用 cref 命令的效果。

（1）先让 Midjourney 生成一个女孩角色。

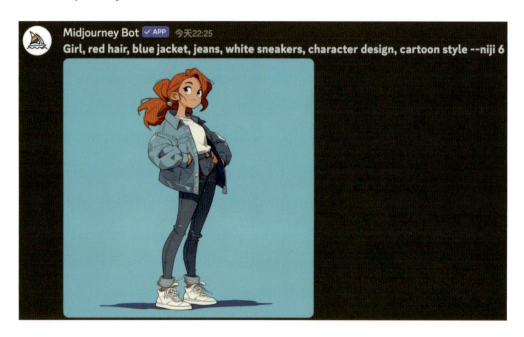

（2）复制图片链接后，按照"描述词＋角色参考图链接＋参考图权重"的格式输入不同的 prompt，生成带场景的插画。以下为不同 cw 值对应的生成结果。

--cw 100　　　　　　　　　　　　　　　　--cw 75

--cw 50

--cw 25

--cw 0

可以看到，cref命令为控制角色一致性带来了极大的便利。特别是在创作带有故事情节的绘本、漫画时，这是一项非常实用的功能。

练习：尝试在prompt中运用cref命令和cw参数，绘制一个角色形象稳定的绘本故事。

利用sref命令借鉴其他艺术风格

我们每个人的审美知识都是有限的，但如果所有人都共享经验与智慧，我们就能获得无穷的审美灵感。sref命令便提供了共享的途径，让我们可以借鉴他人的作品风格来完成自己的创作。它的应用格式是：

--sref 风格代码

其中，sref是style reference（风格参考）的缩写。如何获取他人的风格代码呢？我们可以借助一些专门的风格代码网站。这样的网站有不少，使用方式都是一样的。

我们先以https：//sref-midjourney.com为例，这是一个有2382种风格可参考的免费网站。网页中，每一种风格的图片上方都有一个黑色的框，框里有一串数字，这就是风格代码，在网页中点击黑色的框就可以复制代码。

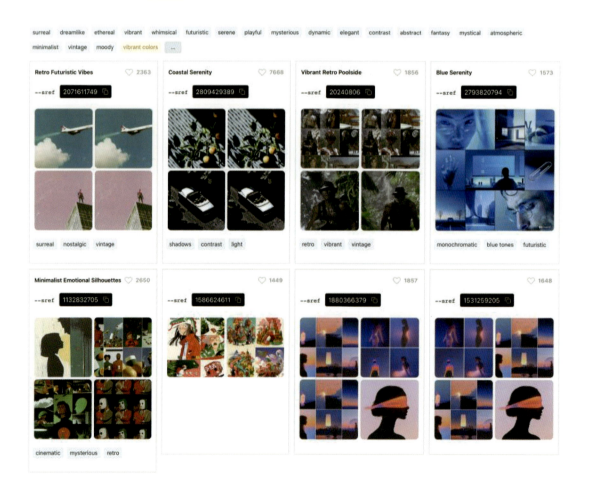

以代码为 159188116 的风格为例，复制该代码，并粘贴到"--sref"命令之后。

prompt：A man with a golden pharaoh mask and a uniform with a parrot on his shoulder, half-length portrait, futuristic and fantasy style, central composition, --ar 4：5--sref 159188116

（一个戴着金色法老面具的人，穿着制服，肩上站着一只鹦鹉，半身肖像，未来主义和奇幻主义的风格，中心构图，画幅比例 4：5，风格代码 159188116）

可以看出，使用风格代码之后，Midjourney 出色地学习了我们找到的艺术风格的精髓，生成了一组风格一致且符合提示词描述的作品。

再来看两个例子。

prompt：Two young men drive a car through a grassland full of giant teacups，a fantasy style and a whimsical scene，--ar 5：4--sref 897807401

（两个青年驾驶一辆汽车穿过到处都是巨大茶杯的草原，奇幻的风格，奇思妙想的场景，画幅比例 5：4，风格代码 897807401）

prompt：Various animals are wrapped in huge bubbles and float in the air，--sref 2840900340

（被包裹在巨大气泡中的各种动物飘浮在空中，风格代码 2840900340）

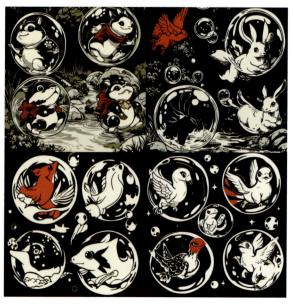

用好风格代码，可以省去写很长的风格描述词，从而节省大量的学习时间和书写时间，提高创作效率，也能让我们更专注于在艺术风格的海洋中"淘金"。

在这里再给大家推荐两个资源丰富的风格代码网站。

https：//srefs.co

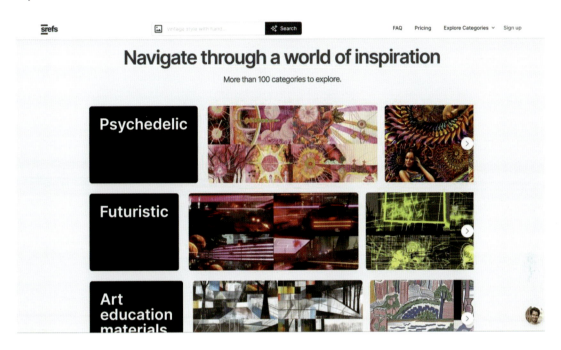

https：//srefhunter.top

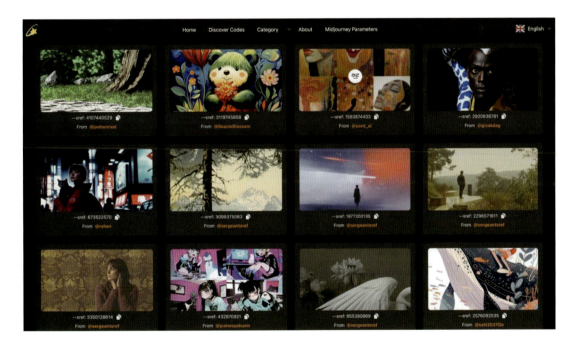

练习：尝试在 prompt 中运用 sref 命令和各种风格代码，进行多种艺术风格的探索。

第 6 章　图像编辑

- ◆ 提高分辨率
- ◆ 画面调整
- ◆ 图像扩展生成

作为一个在线生成图像的平台，Midjourney 最核心的功能是根据 prompt 生成图像。此外，它也自带了一些基础而实用的图像编辑功能，能够辅助我们对生成的图像进行编辑，以达到迅速提高画面分辨率、修改局部画面、扩展画布尺寸及丰富画面内容等目的。下面就让我们一起来学习这一系列编辑功能。

提高分辨率

为便于在网络上传播，Midjourney 生成图片的默认分辨率并不是特别高。但有时我们希望得到分辨率更高的图片，以便用于其他场景。早期的 Midjourney 并不支持调整分辨率，从 V5 版本开始才加入这一功能。下面我们通过一个实例，来学习其具体用法。

（1）输入 prompt，生成一组图画。

prompt：a starship is floating in the sapce，--ar 16：9

（一艘悬浮在太空中的星际飞船，画幅比例 16：9）

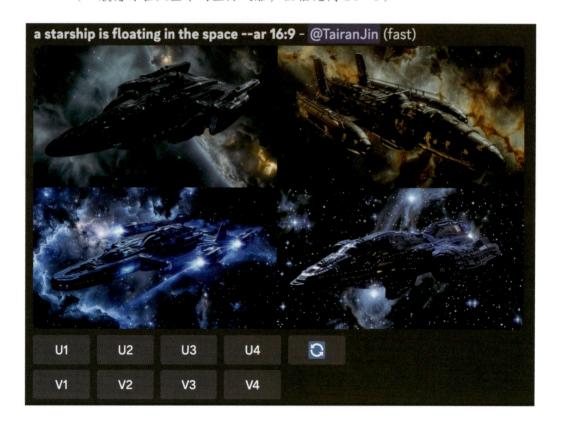

（2）任选一张图放大。例如，点击【U1】按钮，将第一张图放大。

（3）将放大后的图片保存到本地，查看其像素信息。可以看到，这张图片有 1.8 MB，像素尺寸为 1456 × 816。

（4）回到 Midjourney，可以看到，在放大后的第一张图片下方有一些按钮，其中前两个名为 "Upscale" 的按钮就是用来提高像素的。这两个按钮的后缀不一样，一个是 "Subtle"（微妙的），一个是 "Creative"（富有表现力的），接下来我们分别点击，看看二者的区别是什么。

（5）点击【Upscale（Subtle）】按钮，Midjourney 开始对图像进行像素提升。

很快我们便得到下面这张图片。可以看到，对应的 prompt 的末尾也加上了 "Upscaled（Subtle）" 的标注（这类标注能帮助我们追溯图片和创意的来源，快速定位到自己想要的图片上，尤其是在生成了大量的类似图片之后）。

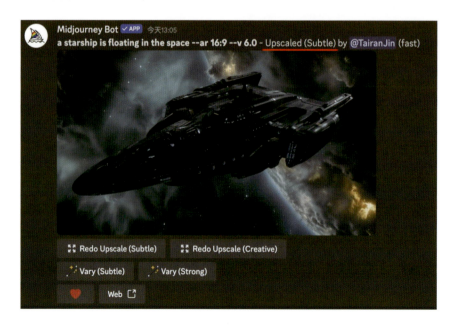

将这张图片保存到本地，查看其信息，可以看到文件体积和像素尺寸较原图均有明显的提升，前者变为 7 MB，后者变为 2912 × 1632。

tairan2023_a_starship_is_floating_in_the_space_4ae3b51c-bd4e-4e84-a5f7-5a32efc07683.png

PNG 图像　7 MB

信息　　　　　　　　　　　　　　　　　　　　　　　　　更少

创建时间　　　　　　　　　　　　　　　　　　　　　今天 13:08

修改时间　　　　　　　　　　　　　　　　　　　　　今天 13:08

上次打开时间　　　　　　　　　　　　　　　　　　　　　　--

内容创建时间　　　　　　　　　　　　　　　　　　　今天 13:08

尺寸　　　　　　　　　　　　　　　　　　　　　　　2912×1632

色彩空间　　　　　　　　　　　　　　　　　　　　　　　RGB

（6）回到步骤（4），点击【Upscale（Creative）】按钮。Midjourney 开始对图片进行像素提升，且 prompt 的末尾加上了 "Upscaling（Creative）" 的标注。

Midjourney Bot ✓ APP　今天13:09
a starship is floating in the space --ar 16:9 --v 6.0 - Upscaling (Creative) by @TairanJin (0%) (fast) (已编辑)
Cancel Job

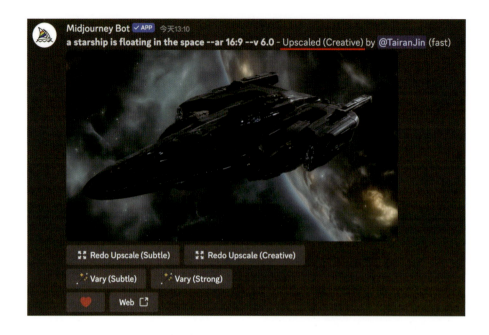

我们也将这张图片保存到本地，查看其信息，可以看到文件体积变为 6.2 MB，像素尺寸同样变为 2912 × 1632，均较原图有明显提升。

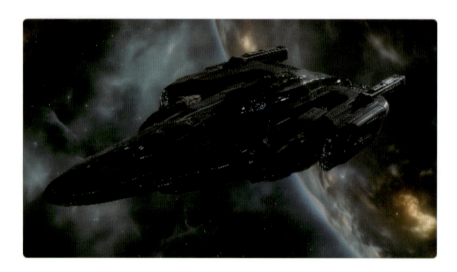

tairan2023_a_starship_is_floating_in_the_space_4bf778af-6a83-4ce6-9201-eb34bc9a7167.png

PNG 图像 6.2 MB

信息　　　　　　　　　　　　　　　　　　　　　　　　　　　更少

创建时间	今天 13:24
修改时间	今天 13:24
上次打开时间	--
内容创建时间	今天 13:24
尺寸	2912×1632
色彩空间	RGB

同样是提高图片分辨率，这两种模式的差别在哪里呢？我们对比下这三张图，第一张是原图，第二张是在"Subtle"模式下放大的图，第三张是在"Creative"模式下放大的图。

通过仔细对比可以发现，"Subtle" 模式下放大的图片忠实地保留了原图的细节，仅分辨率有变化，而 "Creative" 模式下放大的图片除了提高分辨率，还增加了一些细微的变化，例如对飞船中间部分的结构、灯光等都做了微调。

Midjourney 的这两种模式，给用户提供了一定的灵活性。在实际应用中，用户可以根据具体需求，选择相应的模式来提高图像分辨率。

练习：用像素放大功能提高作品的分辨率。

画面调整

在前一节介绍【Upscale】按钮时，相信细心的读者已经发现，在【Upscale】按钮后面，有三个名为 "Vary" 的按钮。这三个按钮有什么作用呢？

总的来说，这三个按钮都是用来调整已经放大的图像的，只是调整幅度有所区别。第一个按钮【Vary（Subtle）】，用于在原图基础上进行小幅调整；第二个按钮【Vary（Strong）】，用于进行较大幅度的调整；第三个按钮【Vary（Region）】，用于对图片的局部进行重新绘制。

下面举例说明。我们先生成一张图片：

prompt：a lizard is playing an acoustic guitar on a stone in a grassland, 3D cartoon style, --ar 3：4

（一只蜥蜴在草原上的石头上弹奏原声吉他，3D卡通风格，画幅比例 3：4）

我们先点击【Vary（Subtle）】和【Vary（Strong）】两个按钮，Midjourney 会立刻重绘，给出两个新的方案。

通过对比可以发现，"Subtle" 模式下重绘的图画和原画非常接近，只有非常细微的局部变化。而 "Strong" 模式下重绘的图画在保留原画构图、光线、层次等氛围的基础上，给出了更富于变化的画面，小蜥蜴的外形、眼神、吉他、岩石等都有了明显的变化。

接下来，我们仍以这张小蜥蜴弹吉他的图为例，介绍局部重绘按钮【Vary（Region）】的功能及用法。

（1）点击【Vary（Region）】按钮，会弹出一个新的窗口。这个窗口中有三个按钮：▢、◌、↺。选中 ▢ 后，可以通过拖动鼠标在画面上绘制矩形选区。选中 ◌ 后，可以通过拖动鼠标在画面上绘制自由选区。点击 ↺，可以清除已绘制的选区。

（2）我们在此绘制一个矩形选区，代表需要重绘的区域，并在下方的提示框中输入针对局部重绘的描述，例如将之前的描述词中的"stone"改为"a big red plastic can"（一个红色的塑料易拉罐）。

（3）点击发送按钮，很快，Midjourney 给出了下面这组图。可以看到，对选区内的部分，Midjourney 进行了不同的绘制尝试，选区之外的部分则维持不变。

相比整体重绘，这种局部重绘功能为我们调整画面提供了极大便利，可以大大提高绘图效率。

我们再来看一组案例，加深对局部重绘功能的理解。

（1）输入 prompt，生成一组图画，并选择其中一幅放大。

prompt : handsome young man from China，age 25，smile，walk on the street，look into the camera，--ar 4：5

（来自中国的年轻英俊男子，25 岁，微笑，走在街上，看着镜头，画幅比例 4：5）

（2）点击【Vary（Region）】按钮，进入局部重绘窗口。

（3）选中绘制自由选区的工具 ，在画面上标记出想要重绘的区域。本例中，选择男子的面部作为重绘区域，并在下方提示框中输入关于重绘部分的描述词"Bearded young white man"（留着络腮胡子的白人男青年），然后点击发送按钮。

（4）Midjourney 很快便输出了按照描述词进行局部重绘后的画面。可以看到，画面中的中国男子变成了长着络腮胡子的白人男子。

（5）继续使用步骤（3）中绘制的选区，但将描述词修改为"middle-aged black man wearing glasses"（戴眼镜的黑人中年男子）。很快，一位帅气的黑人男青年的照片便呈现出来，除面部发生变化外，服装、街景皆未改变。

（6）接下来修改选区，保留面部不变，反过来把面部以外的所有区域作为重绘区域，并修改描述词为"orange spacesuit"（橙色的宇航服）。

（7）我们继续探索，仍以面部之外的区域作为重绘区域，并把描述词修改为 "ancient Chinese traditional clothing embroidered with delicate patterns，with the interior of a palace in the background"（绣有精致图案的中国传统服装，背景是宫殿内部）。

画面中的男子瞬间换上了雕龙绣凤的中式传统服装，展示出别样的帅气。

我们也可以为画面增加一些科幻元素，例如修改提示词为 "cyborg with red hair"（红色头发的合成人）。

男子的机甲造型非常酷，红色头发非常张扬个性。看来，Midjourney对机甲的造型能力和设计能力也是一流的，这些能力可以带给我们很多灵感。

（8）我们还可以为画面中的角色添加一些道具，例如添加一只宠物。我们只需重新标记需要重绘的区域，并修改描述词为"a cute cat in his arms"（怀抱一只可爱的猫）。

从上述案例可以看到，Midjourney的局部重绘功能为我们调整画面细节提供了无穷的可能性，更是大大提高了我们的工作效率。而在纯人工绘画时代，像刚刚这样做局部调整，是需要花费大量人力、物力以及时间成本的。正因为如此，我们才说AI带来了"生产力的革命"。

练习：用各种画面调整工具探索创作的可能性，利用局部重绘功能打造具有创意的画面。

图像扩展生成

Midjourney可以对现有画面进行扩展，生成面积更大、内容更丰富的画面。目前，Midjourney的最大一次性扩图能力为扩至2倍。

仍以生成青年男子图像为例进行说明。

（1）利用prompt生成4幅图，并选中其中一幅放大。在放大的图像下方，可以看到一组与图像扩展生成功能相关的按钮。

各个按钮的功能如下：

（2）点击第一个按钮【Zoom Out 2x】，弹出一个对话框。

可以看到，该对话框中保留了原来的 prompt，并自动在末尾添加了新的参数 "--zoom 2"。本例中我们不对 prompt 做任何修改，直接提交。很快，Midjourney 就将画布扩展至 2 倍大小，并添加了大量新的内容。

（3）点击第二个按钮【Zoom Out 1.5x】，弹出新的对话框，同样采用默认的 prompt，提交后得到下列图画。

（4）点击第三个按钮【Custom Zoom】，在弹出的对话框中修改画幅比例为 9∶16（--ar 9∶16），扩图倍数为 1.8（--zoom 1.8），于是得到一组画布扩大至 1.8 倍大小的竖构图的图画。

（5）再次点击第三个按钮【Custom Zoom】，在弹出的对话框中修改画幅比例为 16∶9，扩图倍数为 2，于是得到一组画布扩大至 2 倍的高清电影画幅比例的横构图图画。

上述案例为我们展示了 **Midjourney** 强大的扩图能力，也展现了 **AIGC** 的想象力和效率。我们甚至可以利用扩图功能无限制地扩展画面。下列画面就是通过多次扩展生成的。

只要我们愿意，理论上可以一直扩展下去。这项功能除了扩大画布面积、增添新的内容，其对空间的延展和对镜头的拉伸，也会带给创作者很多新的思路和视角，激发新的创作灵感。

练习：利用扩图工具创作一些具有艺术探索性的画面。

第 7 章　写实照片风格

- ◆ 相机型号
- ◆ 镜头参数
- ◆ 胶片型号
- ◆ 抓拍模式
- ◆ 照片发布平台
- ◆ 光线描述
- ◆ 拍摄角度

通过前面的学习，相信大家已经了解如何在 **Midjourney** 中利用 **prompt** 生成作品，也掌握了基本的参数设置方法。毋庸置疑，写好 **prompt** 是生成好作品的关键。从本章开始，我们将进入实战演练阶段，通过观摩大量案例，熟悉不同风格、不同用途的图画的 **prompt** 撰写技巧，进而提升图画生成效率。

我们先来看写实照片风格的图画。我们可以在 **prompt** 中添加与摄影相关的关键词，来优化写实照片风格图画的生成。例如，可以添加 "**DSLR**"（数码单反相机）作为描述词，并添加相机品牌、型号、镜头参数等等。

鉴于相机和镜头种类繁多，有的适合拍人像，有的适合拍风景，有的适合拍动态，有的适合拍静物，如果不清楚它们的实际成像特点，可以先在相关摄影网站搜索了解，再用相应的关键词来帮助我们优化 **prompt**。

相机型号

相机型号对于摄影创作的影响是显著的，因为不同类型和规格的相机提供了不同的功能和性能，这些都能极大地影响摄影的最终效果。这里列举三种主要的相机类型及其对摄影创作可能产生的影响。

数码单镜反光相机（**DSLR**，简称"单反相机"）：其优点是图像质量高，**ISO** 范围广，可快速、精确、自动对焦，以及有大量镜头可以选择。这些特点使得单反相机非常适合专业摄影，包括体育摄影、野生动物摄影和其他需要高图像质量和快速捕捉动作的场合。

无反相机（**Mirrorless**）：比单反相机体积更小、质量更轻，但能提供与单反相机相似的高图像质量和多功能性。通过无反相机的电子取景器，可以实时预览图像，了解相关设置的变化对成像的影响。

手机相机：随着技术的进步，现代智能手机的摄影能力已经非常强大，具有先进的影像处理和多镜头系统。同时，手机相机还具有极致的便携性和联网能力。

每种类型的相机都有其独特的优势和局限，选择哪种类型取决于个人的摄影风格、需求和预算。理解每种相机的特性，可以帮助摄影师更好地利用工具进行创意表达。同理，在 **prompt** 中加入相机型号，有助于 **Midjourney** 生成风格更明确，与主题更契合的作品。

先来看一组人像。

prompt : girl with black hair, smile, night, portrait, highly detailed, shot by Sony alpha 6000L APS-C, DSLR, --ar 3 : 4

（黑发女孩，微笑，夜晚，肖像，细节丰富，由索尼alpha 6000L APS-C数码单反相机拍摄，画幅比例 3 : 4 ）

prompt : girl with black hair in wedding dress, smile, bright background, portrait, highly detailed, shot by Canon 6D2, DSLR, --ar 3 : 4

（身穿婚纱的黑发女孩，笑容，明亮的背景，肖像，细节丰富，由佳能 6D2 数码单反相机拍摄，画幅比例 3 : 4 ）

prompt：A Chinese young man in basketball suit and holding a ball in his arm, confidence, smile, outdoor background, portrait, highly detailed, shot by Nikon Z 6Ⅱ，DSLR--ar 3∶4

（一个身穿篮球服、抱着球的中国年轻人，自信满满、面带微笑，户外背景，肖像，细节丰富，由尼康 Z 6Ⅱ 数码单反相机拍摄，画幅比例 3∶4）

prompt：a young man takes a selfie with friends，shot by iPhone 15 pro，--ar 16∶9

（一名年轻男子与朋友自拍，由 iPhone 15 Pro 拍摄，画幅比例 16∶9）

我们再来看看 Midjourney 在风景照片创作中的表现。

prompt：beach of a tropical island，shot by Sony A7R4，DSLR，--ar 16：9
（热带岛屿的海滩，由索尼 A7R4 数码单反相机拍摄，画幅比例 16：9）

prompt：cityscape of night Hong Kong，shot by Canon EOS R5，DSLR，--ar 16：9
（香港夜景，由佳能 EOS R5 数码单反相机拍摄，画幅比例 16：9）

prompt：the top of mount Huangshan，shot by Nikon Z 7 Ⅱ，DSLR，--ar 3：4

（黄山山顶，由 Nikon Z 7Ⅱ 数码单反相机拍摄，画幅比例3：4）

我们也可以让 **Midjourney** 模仿某些风格非常强烈的相机来创作，例如全球流行的 **GoPro** 运动相机，其最大特色是超广角模式。

prompt：stage of an orchestra concert，highly detailed，8 K，shot by GoPro super wide view mode，--ar 2：1

（管弦乐队音乐会的舞台，细节丰富，8K，通过 GoPro 超广角视图模式拍摄，画幅比例 2：1）

prompt：Skateboard on Iceland's winding roads，highly detailed，8K，shot by GoPro super wide view mode，--ar 2∶1

（在冰岛蜿蜒的道路上滑板，细节丰富，8K，通过GoPro超广角模式拍摄，画幅比例2∶1）

近几年，一款中国制造的运动相机Insta360也广受欢迎，我们也可以尝试让Midjourney模范其风格。

prompt：Mountain biking，first-person perspective，very dangerous roads，Insta360，--ar 2∶1

（山地自行车，第一人称视角，非常危险的道路，Insta360，画幅比例2∶1）

prompt：the Forbidden City，rainy day，highly detailed，Insta360，--ar 2：1

（紫禁城，雨天，细节丰富，Insta360，画幅比例 2：1）

宝丽来（Polaroid）相机曾经在全球风靡一时，用它拍摄的照片很有回忆感和故事感。我们试着让 Midjourney 模仿其风格。

prompt：Asian young people at a new year party, cola, cake, music, retro, highly detailed, shot by Polaroid, white Polaroid frame

（亚洲年轻人参加新年聚会，可乐，蛋糕，音乐，复古，细节丰富，宝丽来拍摄，白色宝丽来相框）

prompt：pet cat in the living room, highly detailed, shot by polaroid, Polaroid sx-70, lens light leakage

（客厅里的宠物猫，细节丰富，宝丽来相机拍摄，宝丽来 sx-70，镜头漏光）

练习：在 prompt 中输入不同的相机型号进行创作。

镜头参数

　　除了相机型号，了解相机镜头知识的人还可以在 **prompt** 中加入镜头参数，来生成具有相应特点的写实照片风格图像。

prompt：photo of a yellow bike, sunset, shot by Sony mirrorless camera, highly detailed, 8 K, 35 mm lens f/1.8, DSLR, --ar 4 : 5

（黄色自行车的照片，日落，由索尼无反相机拍摄，细节丰富，8K，35mm 镜头 f/1.8，数码单反相机，画幅比例 4：5）

prompt：an American teen boy, in Beijing Gulou street, night, full body portrait, highly detailed, 8 K, shot by Sony Mirrorless camera, 85 mm lens f/4, DSLR, --ar 4 : 5

（一名美国少年，在北京鼓楼街道，夜晚，全身肖像，细节丰富，8K，索尼无反相机拍摄，85mm 镜头 f/4，数码单反相机，画幅比例 4：5）

注：本例中，**Midjourney** 能够打破物理限制，将无反相机和单反相机的特质融合，创作出兼具二者风格的作品。这正是 **AI** 绘画的灵活性所在。

prompt：an Asian old man, daylight, look at the camera, close portrait, highly detailed, 8K, shot by Sony mirrorless camera, 50mm lens f/2.8, DSLR, --ar 3：4

（一位亚洲老人，日光，看着相机，近距离肖像，细节丰富，8K，索尼无反光镜相机拍摄，50mm 镜头 f/2.8，数码单反相机，画幅比例 3：4）

也可以在 prompt 中添加某些特征很明显的镜头，例如 macro lens/macro shot（微距镜头/微距摄影）、tilt-shift lens/tilt-shift photography（移轴镜头/移轴摄影）、fisheye lens（鱼眼镜头）等。

prompt：A team of ants is besieging a bumble bee, highly detailed, 8K, macro shot, --ar 4：5

（一群蚂蚁正在围攻一只大黄蜂，细节丰富，8K，微距拍摄，画幅比例 4：5）

prompt：Overlooking the intersection downstairs，highly detailed，8 K，tilt-shift photography，--ar 3：4

（俯瞰楼下的路口，细节丰富，8K，移轴摄影，画幅比例 3：4）

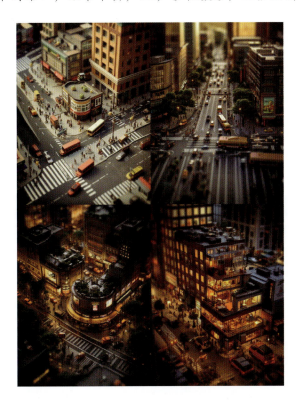

prompt：A kitten looked at the camera curiously，highly detailed，8 K，fisheye lens，--ar 1：1

（一只小猫好奇地看着相机，细节丰富，8K，鱼眼镜头，画幅比例 1：1）

练习：在 prompt 中输入不同的镜头参数进行创作。

胶片型号

在摄影艺术的黄金时代，各种品牌和型号的胶片是摄影师们的重要工具，不同的胶片在色彩、质感等方面有完全不同的表现。Fuji（富士）、Kodak（柯达）、Agfa（爱克发）等都是著名的摄影胶片生产商。虽然如今已是数字摄影时代，但仍有部分摄影师钟情于胶片摄影带来的模拟质感。在利用Midjourney绘画时，我们同样可以让其模拟这些胶片的表现风格。

prompt：Benches outside the seaside café in summer，Fuji Superia 200，realistic photo，--ar 3 : 4

（夏日海边咖啡馆外的长椅，富士Superia 200，写实照片，画幅比例3：4）

prompt：People drinking tea in People's Park in Chengdu，Sichuan in the 90s，realistic photo，Fuji XTRA 400，--ar 4 : 3

（成都人民公园喝茶的人，90年代的四川，写实照片，富士XTRA 400，画幅比例4：3）

prompt：In the summer of 2003，a Chinese college student in jeans sat reading a book，with a teaching building behind him，realistic photo，Kodak Gold 200，--ar 4：5

（2003 年夏天，一位穿着牛仔裤的中国大学生坐着看书，身后是一栋教学楼，写实照片，柯达金 200，画幅比例 4：5）

prompt：A group photo of two children under the Ferris wheel of the playground, realistic photo, Agfa vista, --ar 4：5

（游乐场摩天轮下两个小孩的合影，写实照片，爱克发vista，画幅比例 4：5）

以上是以几种非常主流的胶片型号为描述词生成的图画，虽然是数字生成图画，但 Midjourney 尽力去模拟了胶片的色彩和质感。在胶片摄影时代，全球还有很多冷门的胶片，每种胶片因为材料、感光度甚至冲洗时间不同，会产生非常不一样的效果，有兴趣的读者可以去进一步研究。

下面是一些常见的胶片型号，供大家参考。

Fuji：Superia 200、C 200、XTRA 400、Provia、Velvia、Instax Mini、Instax WIDE。

Kodak：Gold 200、Colorplus 200、ProFoto 100、ULTRA MAX 400、EKTAR 100、100 G、100 VS、Ektachrome E 100、Portra 800。

Agfa：Vista 200、Vista 400、Vista 800、Agfapan 100、Star 200、HDC 100。

Polaroid：600 color、i-Type、Go Camera、Color。

Mitsubish：SuperMax 200。

练习：在 prompt 中输入不同胶片型号，生成不同风格的画面。

抓拍模式

现在的数码相机一般都有多种拍摄模式可以选择，例如人像模式、风景模式、夜景模式、运动模式等。其中，运动模式（通常被称为"抓拍模式"或"连拍模式"）是专为捕捉快速移动的对象或瞬间动作而设计的。这种模式通过优化相机的设置，使摄影师能够在短时间内连续拍摄多张照片，从而增加捕获最佳瞬间的机会。

抓拍模式通常会自动设置较高的快门速度，以减少运动模糊，清晰捕捉快速移动的对象。其快门速度可能会设定在 1/500 秒或更快，取决于拍摄对象的速度。连续拍摄模式下，按住快门按钮不放，就可以快速、连续抓拍多张照片。这一功能尤其适用于体育赛事摄影、野生动物摄影或任何需要捕捉连续动作的场合。

不难看出，抓拍模式是一个强大的工具，能够帮助摄影师在动态和不可预测的拍摄环境中捕捉到精彩瞬间。在 Midjourney 中，我们可以通过输入"motion blur"（运动模糊）和快门速度参数来获得这种抓拍效果。

prompt：The moment the seagull rushes into the sea to catch fish, daylight, super long lens, shot from the island, 1 / 1000 second shutter, highly detailed, 8 K, --ar 4 : 5

（海鸥冲入海中捕鱼的瞬间，日光，超长镜头，从岛上拍摄，快门速度为 1/1000 秒，细节丰富，8K，画幅比例 4 : 5）

prompt：Basketball player dunks with NBA stadium in the background, highly detailed, 8 K, motion blur, --ar 3 : 4

（篮球运动员以 NBA 体育场为背景扣篮，细节丰富，8K，运动模糊，画幅比例 3 : 4）

prompt：A lion chases a gazelle across the steppe, highly detailed, 8K, motion blur, --ar 3：4

（一只狮子在草原上追逐一只瞪羚，细节丰富，8K，运动模糊，画幅比例3：4）

prompt：A little girl about 10 years old is playing skateboard and jumping from a halfpipe, 1/500 second shutter, highly detailed, 8K, --ar 4：5

（一个大约10岁的小女孩在玩滑板，从U形滑道上起跳，快门速度为1/500秒，细节丰富，8K，画幅比例4：5）

练习：通过在prompt中输入关于运动摄影的描述词进行创作。

照片发布平台

在prompt中指定一些著名的照片发布平台，也是一种描述图像风格的方式。例如，*National Geographic*（《国家地理》杂志）、Unsplash在线照片平台、《世界时装之苑ELLE》时尚杂志等平台发布的照片，都具有鲜明的风格特征。

《国家地理》杂志的照片以生动的叙事和强大的视觉冲击力著称，其色彩鲜明、构图精良、光线运用出色，深受全球摄影师和读者的喜爱。这种风格强调自然和文化主题的深度探索，通常包括野生动物、风景、人文和探险等主题，旨在讲述一个故事或传达某种情感，同时也强调照片的教育价值和科学意义。这些照片往往能够激发人们对保护自然和文化遗产的关注。

Unsplash 是一个提供高质量免版税照片的平台，这些照片由全球的摄影师共享。Unsplash 上的照片风格多样，涵盖从自然风景到都市景观再到日常生活场景等广泛主题。尽管风格多样，但 Unsplash 平台的照片通常都具有现代感，注重美观、简洁和实用性。这些照片常被用于商业和创意项目，因其高质量和广泛适用性而受到设计师和内容创作者的青睐。

《世界时装之苑 ELLE》是一本国际时尚杂志，其照片体现了时尚界的最新趋势和高雅品位。这些照片强调时尚元素、服装细节以及模特的表现力，使用大胆的色彩和创新的拍摄技术来展示服装和配饰，通常具有强烈的视觉吸引力。《世界时装之苑 ELLE》的照片不仅展示了时装的魅力，更传达了一种时尚态度和生活方式。

这三个平台的照片特色鲜明，从严肃的自然和文化摄影到自由的创意共享，再到精致的时尚展示，为不同的观者和使用场合提供了丰富的视觉素材。

prompt：a lion sits on a rock looking down at the African grassland，sunset，highly detailed，8K，National Geographic style，--ar 4：5

（一头狮子坐在岩石上俯视非洲草原，日落，细节丰富，8K，《国家地理》风格，画幅比例 4：5）

prompt：morning landscape of Guilin，China，National Geographic style，--ar 16：9

（中国桂林的早晨风景，《国家地理》风格，画幅比例 16：9）

prompt：an old sofa in the wild field，highly detailed，8K，Unsplash photo style，--ar 4：5

（荒野中的一张旧沙发，细节丰富，8K，Unsplash 照片风格，画幅比例 4：5）

prompt : blurred photo of a woman dancing by the sea, long hair in motion, white dress, editorial photography, dawn light, soft pastel colors, Unsplash style, --ar 3 : 5

（海边跳舞的女人的模糊照片，长发飘扬，白色连衣裙，专题摄影，黎明的曙光，柔和的色彩，Unsplash 风格，画幅比例 3 : 5）

prompt : few Chinese female models in Chinese traditional dress Qipao, background is simple bright yellow color, highly detailed, 8K, 85mm lens f/4, DSLR, fashion design, ELLE photo style, --ar 3 : 4

（几名身着中国传统服饰旗袍的中国女模特，背景为简单的亮黄色，细节丰富，8K，85mm 镜头 f/4，数码单反相机，时装设计，ELLE 照片风格，画幅比例 3 : 4）

prompt : shot of a mixed race man with short curly hair and yellow sunglasses wearing a white striped t-shirt on a blue background, minimalistic style, soft studio lighting, high resolution photography, ELLE photo style, --ar 3 : 4

（拍摄对象为混血男子，留着短卷发，戴着黄色太阳镜，身穿白色条纹T恤，蓝色背景，简约风格，柔和的摄影棚灯光，高分辨率摄影，ELLE照片风格，画幅比例3∶4）

从以上案例可以看出，不同照片发布平台的鲜明特点对于 **Midjourney** 生成画面有着非常明显的影响，大家可以多进行探索。

练习：通过在 prompt 中添加不同照片发布平台进行创作。

光线描述

在摄影艺术中，布光是一项至关重要的技术，它直接影响到照片的情绪、质感、立体感和故事性。可以说，布光在很大程度上决定了摄影作品的视觉效果和艺术表达。

摄影所利用的光源可以是自然光（如太阳光），也可以是人造光（如摄影室灯光）。光的性质则包括光线的方向、强度、颜色和软硬等，这些因素都决定了照片的氛围和风格。

光线的方向会影响拍摄对象的形状、纹理和纵深感。例如，正面光通常使拍摄对象显得平坦、无深度，侧光能增强立体感和纹理，逆光则能创造轮廓光或透光效果。

软光与硬光也是摄影艺术中常用的术语。软光（如阴天的散射光）能均匀照明，减少阴影，使画面柔和；硬光（如直射的太阳光）则能形成强烈的光影对比，增强戏剧性。

运用不同的光线强度和色温，可以创造出温馨、冷酷或神秘等完全不同的氛围。例如，温暖的光线通常使人感到舒适和亲近，而冷色调的光线则可能带来孤独或悲伤的情绪。

合适的布光也能够通过光影的运用引导观者的注意力，突出照片的主体。通过多光源或特定方向的光线，可以增加画面的深度，使平面的照片显得更为立体和更具动感。

遵循上述基本原则，再加入创意，摄影师就可以通过布光来表达个人的艺术观点或情感，使光线本身成为一种强有力的表达工具。总之，布光不仅是摄影技术中的基础，也是艺术创作的核心。掌握好布光的技巧，能够极大地提升摄影作品的质感和表现力。同理，在利用 Midjourney 进行创作时，在 prompt 中加入面光、背光、侧光等常见的光线描述，也有助于创意表达和作品表现。

下面我们围绕同一主题，使用不同的光线描述，看看所生成图片的区别。

prompt：A middle-aged Asian white-collar man in a suit, tired gaze, gaze, close-up portrait, realistic photo, high detail, 8K, --ar 3 : 4

（一位身着西装的中年亚洲白领男子，疲惫的目光，凝视，特写肖像，逼真的照片，细节丰富，8K，画幅比例 3 : 4）

Side light（侧光）：　　　　　　　　　　　Back light（背光）：

Face light/Front light（面光）：

可以看到，在不同的布光方式下，画面所传达的人物气质和情绪是不一样的。

我们也可以使用一些比较抽象的光线描述词来和 Midjourney 机器人对话，有时会产生意想不到的效果，例如 epic lighting（史诗感布光）、cinematic lighting（电影感布光）、dramatic lighting（戏剧化布光）等。

prompt：A rocket that is igniting into the air, realistic photo, high detail, 8 K, cinematic lighting, --ar 9 : 16
（一枚在空中点火的火箭，逼真的照片，细节丰富，8K，电影感布光，画幅比例 9 : 16）

prompt : An African refugee girl stands expressionless in the crowd looking at the camera, dramatic lighting, realistic photo, high detail, 8K, --ar 3 : 4

（一名非洲难民女孩面无表情地站在人群中看着镜头，戏剧化布光，逼真的照片，细节丰富，8K，画幅比例 3 : 4）

我们再来看看暖光和冷光的运用。在创作中，冷光比较适合表现悲伤、神秘等主题，而暖光更适合表现积极情绪。

prompt : A lonely old soldier sat in a wheelchair and stared into the distance, cold light, realistic photo, high detail, 8K, --ar 4 : 3

（一位孤独的老兵坐在轮椅上，目光凝视远方，冷光，逼真的照片，细节丰富，8k，画幅比例 4 : 3）

prompt：The winning Asian youth football team embraces and celebrates on the green field，warm atmosphere，looking up，warm light， shot with a GoPro camera，realistic photo，high detail，8K，--ar 16：9

（赢得胜利的亚洲青少年足球队在绿茵场上拥抱庆祝，热烈的氛围，仰视，暖光，GoPro 相机拍摄，逼真的照片，细节丰富，8K，画幅比例 16：9）

对光线的描述可以由很多布光元素构成，每一个元素的变化都会直接影响画面的表达。大家可以基于布光原则，组合运用各种元素，探究利用 Midjourney 绘画时光线对作品的影响。

以下是一些常用的布光术语，供读者参考。

表7-1　常用布光术语

英文	中文	英文	中文
key light	主光	edge light	边缘光
fill light	补光	contour light	轮廓光
hard light	硬光	morning light	晨光
soft light	柔光	sun light	太阳光
diffused light	散射光	reflection light	反光
cold light	冷光	mapping light	映射光
warm light	暖光	cinematic light	电影光
top light	顶光	mood lighting	情绪光

英文	中文	英文	中文
back light	逆光	atmospheric lighting	气氛照明
front light	正面光	neon light	霓虹光
side light	侧光	cyberpunk light	赛博朋克光
rim light	边光	golden hour light	黄金时段光
ring light	环光		

练习：利用对光线的描述控制画面的表现。

拍摄角度

在摄影中，拍摄角度是影响画面表现的重要因素，不同的拍摄角度带给观者的感受是完全不一样的。在 Midjourney 中，正常的角度比较好表述，但一些特殊的角度，例如俯视、仰视、鸟瞰等，该怎么描述呢？以下是一些常见的关于拍摄角度的描述词：

表7-2　关于拍摄角度的常用描述词

英文	中文	英文	中文
ground level view	平视	back view	背影
high angle view/look down angle	俯视	side view	侧面视角
low angle view/knee view	仰视	close up shot	特写
bird's eye view	鸟瞰	medium shot	半身（中景）
satellite view	高空俯视	full body shot	全身

下面我们围绕同一主题，使用不同的拍摄角度描述词，看看所生成图片的区别。

prompt：A group of ancient Chinese warriors, realistic photo, high detail, 8 K, epic composition, --ar 4 : 3

（一群古代中国战士，逼真的照片，细节丰富，8K，史诗般的构图，画幅比例4：3）

ground level view（平视）：

bird's eye view（鸟瞰）：

look down angle/high angle view
（俯视）：

satellite view（高空拍摄）：

low angle view/knee view（仰视）：

back view（背影）：

side view（侧面视角）：

medium shot（半身）：

close up shot（特写）：

full body shot（全身）：

可以看到，不同的拍摄角度所展现的镜头魅力是不一样的，合理运用拍摄角度对于表现角色、环境、情节等都有很大的帮助。当然，在实际应用中，往往需要将这类描述词组合运用，从而得到更符合期待的画面。

关于写实照片风格图画的生成，还有很多值得探索的内容，但限于篇幅，本章不再展开。这里整理了部分摄影术语，供大家参考。

表7-3　常用摄影术语

英文	中文	英文	中文
portrait photography	肖像摄影	shutter speed	快门速度
landscape photography	风光摄影	monochrome photo	单色照片
fine art photography	艺术摄影	black and white photo	黑白照片

英文	中文	英文	中文
street photography	街拍	low light	低光/暗光
macro lens	微距镜头	ambient light	环境光
microscope	显微镜	diffuse light	柔光
tilt and shift lens	移轴镜头	back light	逆光、背光
telephoto lens	远摄镜头	back light compensation	逆光补偿
close-up	近摄	double exposure	双重曝光
wide view	广角	multi-exposure	多重曝光
extra wide angle lens	超广角镜头	over exposure	曝光过度
panorama	全景	fisheye lens	鱼眼镜头
high speed	高速摄影	lens flare	镜头眩光
negative	负片	reversal films	反转胶片

在数字摄影时代，很多人对传统相机、镜头和胶卷缺乏了解。如果大家对传统摄影艺术感兴趣，可以访问网站 **https：//photalks.com**，这是一个囊括了摄影教学及传统相机、镜头、胶卷知识介绍的网站，我们可以从中找出自己喜欢的相机、胶卷或镜头型号，添加相应的描述词到 **prompt** 中，生成具有传统摄影特点的图画。

练习：利用摄影的相关术语生成写实照片风格的作品。

第 8 章　辅助平面设计

◆ logo 设计

◆ 文字设计

◆ 海报设计

◆ 图案设计

◆ UI 设计

◆ 贴纸设计

用 **Midjourney** 做平面设计是否可行？如果你是一名资深设计师，**Midjourney** 可能很难给出与你心中设想完全吻合的设计稿——事实上，就算是真人也很难做到这一点。但是，**Midjourney** 强大的计算能力和联想能力往往能够像"头脑风暴"一样带给我们一些不错的灵感，帮助我们打开思路，找到设计的方向。因此，作为平面设计师，我们更应该将 **Midjourney** 当作一种辅助设计的创意工具，而不是完全指望它"想我所想"，替我们设计出作品来。

对于设计师来说，使用 **Midjourney** 来辅助艺术设计工作有许多优点：可以快速生成图像，帮助设计师迅速从概念设计转至可视化表现，这对于初步探索设计理念非常有帮助；通过输入文字描述，**Midjourney** 能够生成多样的视觉结果，这些结果常常超出人们的预期，可为设计师提供新的视角和灵感；**Midjourney** 支持生成不同风格的图像，如简约风格、写实风格或手绘风格等，这为设计师在不同项目中寻找合适的视觉风格提供了便利。

尤其在设计工作的创意阶段，有时需要绘制大量视觉草图，**Midjourney** 可以帮助我们显著提高工作效率，减少手工绘制的工作量。即使是没有美术基础的用户，也可以通过简单的文字描述来生成高质量的图像，这使得设计更加"大众化"。

当然，使用这样的工具也需要注意版权和创意的原创性问题，确保在设计中合理运用 **AI** 生成的素材。

logo 设计

logo（标志）设计是现代平面设计中非常常见的类目，几乎每一个企业、品牌甚至产品都需要 logo 设计。由于 logo 一般都具有以小见大、识别性强、设计精妙、应用广泛等特点，因此 logo 设计非常考验设计师对客户需求的理解能力和设计能力，在设计过程中往往会出现反复改稿的情况。**Midjourney** 的出现，则能给 logo 设计带来一些新的灵感，并提高设计的效率。

利用 **Midjourney** 设计 logo 时，我们可以在 prompt 中输入 logo design（标志设计）、vector design（矢量设计）、vector graphic（矢量图形）、minimal style（极简风格）、emblem design（徽章设计）等关键词。

我们接下来虚构一些主题进行创作尝试。在创作过程中，如果觉得 **Midjourney** 生成的某个作品创意不错，可以利用前面介绍的方法对此稿进行有针对性的优化，也可以直接点击【U】按钮将其放大，然后存储到本地，用 Adobe Illustrator、CorelDRAW、Affinity Designer 等矢量软件的图像转矢量工具进行转换，进行更细致的编辑。

（1）以"中国茶"为主题设计 logo。

prompt：a cup of Chinese tea and bamboo, logo design, vector logo, vector art, emblem, simple, minimal style, flat color

（一杯中国茶和竹子，标志设计，矢量标志，矢量艺术，徽章，简单，简约风格，扁平色）

Midjourney给出了关于中国茶的多种设计元素与构图，我们可以从中汲取灵感，应用到自己的设计之中。

（2）以"熊猫冰激凌"为主题设计logo。

prompt：cute panda with ice cream，Chinese style，logo design，vector logo，vector art，emblem，simple，minimal style，flat color

（可爱的熊猫冰激凌，中式，标志设计，矢量标志，矢量艺术，徽章，简单，简约风格，扁平色）

可以看到，Midjourney 结合"熊猫"和"冰激凌"两个主要元素给出了多个不同的方案，有的类似于吉祥物的设计，这些素材也许可以作为我们创意的起点。

（3）以"眼睛"和"数据"为主要设计元素，为一家科技公司设计 logo。

prompt：logo of an IT company, data, computer, eye, bright color, logo design, vector logo, vector art, emblem, simple, minimal style, flat color

（一家 IT 公司的标志，数据，计算机，眼睛，鲜艳的色彩，标志设计，矢量标志，矢量艺术，徽章，简单，简约风格，扁平色）

（4）以"一盒糖果"为主题设计 logo。

prompt ：a box of candies，gradient marks style logo，simple design

（一盒糖果，渐变标识风格标志，简约设计）

（5）为一支大学篮球队设计队徽。

prompt：Emblems of a university's basketball team，Emblem design，simple design

（大学篮球队的徽章，徽章设计，简单的设计）

除了传统的极简风格的平面logo，我们也可以利用Midjourney设计在屏幕终端上传播的logo。因为呈现载体突破了纸张等传统印刷媒介的局限，所以这类logo可以有更复杂的设计形式、色彩层次与画面细节。它们如今被广泛应用于游戏、视频、网络媒体等项目中。

（6）以"机械之心"为主题设计logo。

prompt：a mechanical heart，logo design，Blender low poly style，minimal style，
simple design，emblem，--no background

（机械心，标志设计，Blender低多边形风格，简约风格，简单设计，徽章，无
背景）

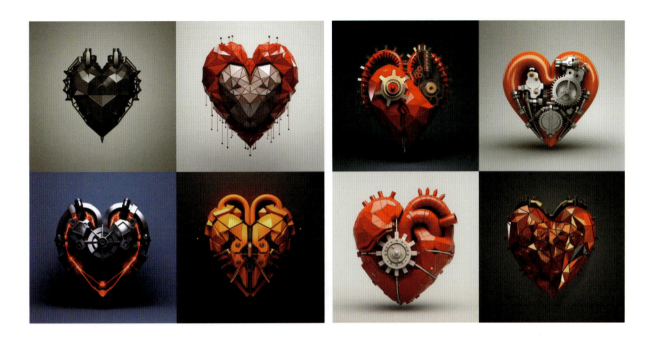

以下是一些在logo设计中十分有用的描述词，供大家参考。

表8-1　logo设计常用术语

英文	中文	英文	中文
minimal line	简约线条	emblems	徽章
gradient marks	渐变标志	vintage emblems	复古徽章
Japanese style	日式风格	modern game style	现代游戏风格
lettermark	字母标志	mascot	吉祥物
abstract geometric	抽象几何		

练习：虚构一些企业、品牌或产品，用相应主题进行logo设计。

文字设计

文字设计在标志设计、海报设计、插画设计等平面设计的各个领域都要用到，推敲字体的结构、样式以及效果等都是非常花费时间的工作。目前，Midjourney的大模型训练语料主要是英文，因此其对汉字的理解还极为有限，更多的是以图形的方式去理解汉字的笔画，给出一些看似是汉字但其实并不存在的"文字符号"。尽管如此，Midjourney有时也能带来一些汉字设计的灵感。

在利用Midjourney设计字体时，通常需要使用font design（字体设计）、text design（文字设计）、letter design（字母设计）等关键词。

以下是一些具体的案例。

（1）霓虹灯风格的字母和单词设计。

prompt：neon style of letter A，Photoshop style

（霓虹灯风格的字母A，Photoshop风格）

我们可以通过替换prompt中的字母来生成相同风格的其他字母。

如果需要生成完整单词，我们可以在prompt中添加双引号，并将希望生成的单词置于其中。

prompt：neon style of word "night"，Photoshop style

（霓虹灯风格的单词"night"，Photoshop 风格）

prompt：a board with neon style word "night" is floating in the wilderness，long shot

（荒野中漂浮着一块附有霓虹灯风格"night"字样的木板，长镜头）

（2）8-bit游戏风格的字体设计。

prompt : letters in chiptune style，font design，art design，simple design，flat color，minimal design，--no background

（8-bit游戏风格的字母，字体设计，艺术设计，简单设计，扁平色，简约设计，无背景）

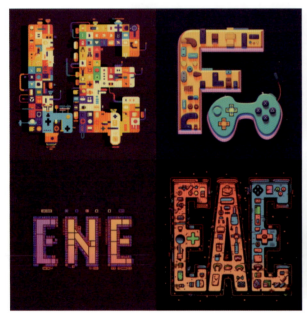 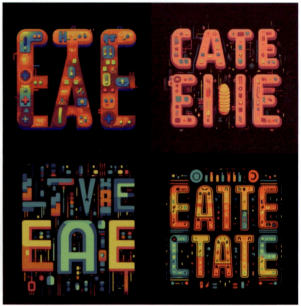

prompt : word "GAME"in 8 bit art style，font design，art design，simple design，flat color，minimal design

（8-bit游戏风格的"GAME"一词，字体设计，艺术设计，简单设计，扁平色，简约设计）

（3）毕加索风格的字体设计。

prompt：letters in Picasso style，font design，art design，simple design，flat color，minimal design，--no background

（毕加索风格的字母，字体设计，艺术设计，简单设计，扁平色，简约设计，无背景）

prompt：word "life"in Picasso style，font design，art design，simple design，flat color，minimal design，--no background

（毕加索风格的"life"一词，字体设计，艺术设计，简单设计，扁平色，简约设计，无背景）

（4）手写风格的字体设计。

prompt：handwriting style of letter W，simple colored ink，art design，minimal design，flat color，--no background

（手写风格的字母W，简单的彩色墨水，艺术设计，简约设计，扁平色，无背景）

（5）电路板风格的字体设计。

prompt：circuit board style of word "YES"，font design，art design，simple design，flat color，minimal design，--no background

（电路板风格的单词"YES"，字体设计，艺术设计，简单设计，扁平色，简约设计，无背景）

prompt : circuit board style of word，font design，art design, simple design, flat color，minimal design，--no background

（电路板风格的文字，字体设计，艺术设计，简约设计，扁平色，简约设计，无背景）

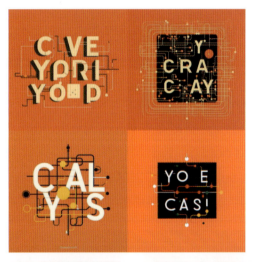

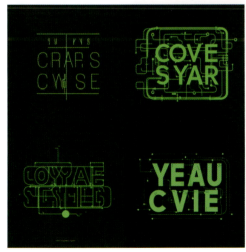
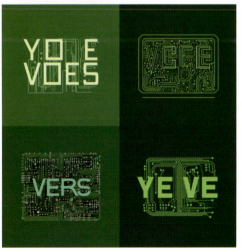

（6）将文字融合到图像中。

prompt：A male designer holding a sign that says "AI ruins design"stands in the lobby of a huge empty design company, bright light, real photo, blurred background

（一位男性设计师举着"AI ruins design"的牌子站在一家巨大的空荡荡的设计公司的大厅里，明亮的光线，真实的照片，模糊的背景）

prompt：A robot holding a screen that says "AI helps humans"stands in an empty space, the background is a virtual space formed by computer code, real photo, blurred background

（一个拿着"AI helps humans"屏幕的机器人站在空旷的空间里，背景是由计算机代码、真实照片、模糊背景形成的虚拟空间）

通过以上案例可以看出，Midjourney 能够较好地实现单个字母和简单单词的设计，对于较长的单词它只能给出某种风格化的形式感。不过，这也能给我们带来不错的设计灵感，对于有一定设计能力的人来说是一种良性的引导。当然，我们也可以用麻烦一点的方式，即先得到单个英文字母的设计稿，再组合起来形成我们想要的单词，不过这得通过多次尝试来选择字母的组合方案。

有人或许很好奇，如果让 Midjourney 做汉字的字体设计会出现什么情况呢？我们不妨试一试，看看 Midjourney 在中文方面的表现。

prompt : An ancient scholar is writing the Chinese calligraphy "长梦醒"in the air with a brush.The words are floating in the air and shining with magical light.They are surrounded by many huge stone pillars with fantastic colors.--ar 3 : 4

（一位古代文人正在用毛笔在空中书写中国书法"长梦醒"。文字飘浮在空中，闪烁着神奇的光芒。它们被许多色彩艳丽的巨大石柱所环绕。画幅比例 3：4）

Midjourney 在画面中给出了一些类似于书法作品的汉字元素，但仔细一看却没有一个字是真正的汉字，这说明 Midjourney 对中文简单词语的理解并不好。那我们再看看单个汉字的字体设计是否可以实现。我们让 Midjourney 生成一个印着汉字"爱"的红色马克杯，再生成一个印有英文"love"的马克杯作为对比。

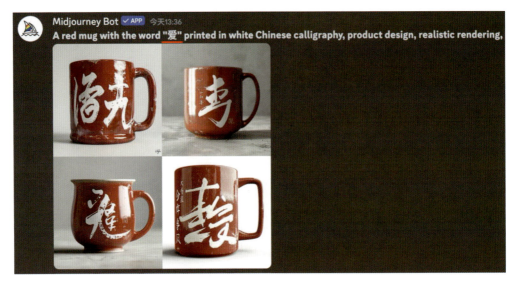

通过对比可以直观地看到，Midjourney 对汉字是以图画的形式来理解的，所以会出现乱造字的情况。但其中一些构图、纹理、笔画结构还是可以借鉴的。希望 Midjourney 之后的版本能够对汉字有更好的支持。

练习：对英文字母、单词、简单的句子等进行不同风格的字体设计。

海报设计

海报设计是平面设计工作中经常遇到的任务。Midjourney 也可以辅助我们进行海报设计。通常，我们需要先在 prompt 中说明海报是为什么场合设计的，如音乐会、科技论坛、产品发布会等，然后加入一些关于海报设计和平面设计的关键词，如 poster design（海报设计）。

我们来看一组案例。

（1）电子音乐节的海报。

prompt：an EDM music festival poster，poster design，colorful，happy，stage，crowd，aggressive，--ar 3∶4

（一张电子音乐节海报，海报设计，多彩，快乐，舞台，人群，积极的，画幅比例3∶4）

（2）笔记本电脑新品发布海报。

prompt：Poster for the launch of a new laptop，poster design，--ar 3∶4

（新款笔记本电脑发布会海报，海报设计，画幅比例3∶4）

（3）1990 年代日本风格的书籍设计展海报。

prompt：Poster for book design exhibition, Japanese 1990s design style, poster design, --ar 3 : 4

（书籍设计展海报，日本 1990 年代设计风格，海报设计，画幅比例 3：4）

（4）家庭运动日的海报。

prompt：family sports day poster, photo mixed graphic collage art style, happy atmosphere, bright tones, --ar 4 : 5

（家庭运动日海报，照片混合图形拼贴艺术风格，欢乐气氛，明亮色调，画幅比例 4：5）

（5）生物科技高端论坛海报。

prompt：A poster of the Higher Forum on Biotechnology, rigorous typography, predominantly blue color, photos of keynote professors, poster design, --ar 4 : 5

（一张生物科技高端论坛的海报，排版严谨，蓝色为主色调，参会主要教授的照片，海报设计，画幅比例 4 : 5）

（6）漫威电影海报。

prompt：A poster for Marvel's new hero movie, Good and Evil, night, lightning, poster design, --ar 4 : 5

（一张漫威新英雄电影《善与恶》的海报，黑夜，闪电，海报设计，画幅比例 4 : 5）

从以上生成结果可以看到，Midjourney 能够理解我们给出的设计主题、元素和风格，并给出一些适合该设计目的的方案。因为 Midjourney 是基于大模型数据训练出来的，所以其给出的方案会紧紧抓住主题，但从艺术创作的角度来看，很多时候过于"切题"就会"泯然众人"，缺乏艺术个性。所以，我们利用 Midjourney 设计海报时，更可取的方式是从中寻找灵感，再对灵感进行二次加工，在提高效率的同时，也不舍弃对艺术的探索和对自我价值的追寻。

练习：虚构一些活动、书籍或产品，用相应主题生成不同艺术风格的海报。

图案设计

图案是在服装设计、印刷、装饰等行业广泛应用的设计元素。利用 Midjourney 设计图案，通常要在 prompt 中输入 pattern design（图案设计）、wallpaper design（墙纸设计）、tile design（瓷砖设计）等关键词。

下面来看一组案例。

（1）热带水果图案。

prompt：tropical fruits，pattern design
（热带水果，图案设计）

prompt：tropical fruits，pattern design，vector design，minimal design，graphic design，simple design，wallpaper design

（热带水果，图案设计，矢量设计，极简设计，平面设计，简约设计，墙纸设计）

（2）金属雕刻图案。

prompt：Classical pattern of metal carving，many details，pattern design，wallpaper design

（金属雕刻的经典图案，细节丰富，图案设计，墙纸设计）

根据 prompt，Midjourney 为我们生成了非常漂亮的图案，很适合应用到各种设计中。

在实际应用中，许多图案需要无缝衔接，这在设计中被称作"二方连续"或"四方连续"。这样的图案可以应用到包装纸、墙纸、瓷砖、织物等材料的制作中。为此，我们需要加入的关键参数是"--tile"，这样就能生成可以连续复制的图案，从而达到无限延伸的要求。

（3）四方连续的金属雕刻图案。

prompt：Classical pattern of metal carving，many details，pattern design，wallpaper design，four-square continuous pattern，--tile

（金属雕刻的经典图案，细节丰富，图案设计，墙纸设计，四方连续图案，瓷砖模式）

我们选择第一张放大，并把它放到 Photoshop 中进行复制和排列，可以看到它们完全无缝地衔接在了一起。

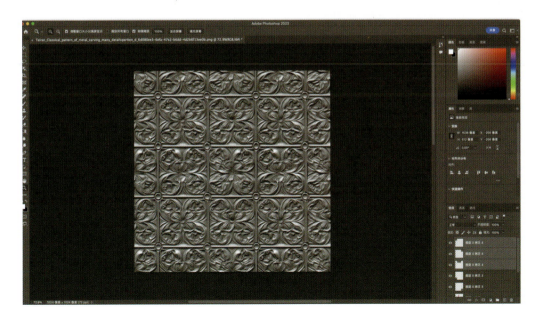

（4）四方连续的花朵图案。

prompt：flower pattern，pattern design，vector design，minimal design，graphic design，simple design，wallpaper design，four-square continuous pattern，--tile

（花朵图案，图案设计，矢量设计，极简设计，平面设计，简约设计，墙纸设计，四方连续图案，瓷砖模式）

prompt：Chinese traditional flowers pattern，beautiful curve，many details，red and green，embroidery style，pattern design，--tile

（中国传统花卉图案，美丽的曲线，细节丰富，红绿，刺绣风格，图案设计，瓷砖模式）

（5）四方连续的抽象线条图案。

prompt : abstract line, pattern design, vector design, minimal design, graphic design, simple design, wallpaper design, four-square continuous pattern, --tile

（抽象线条，图案设计，矢量设计，极简设计，平面设计，简约设计，墙纸设计，四方连续图案，瓷砖模式）

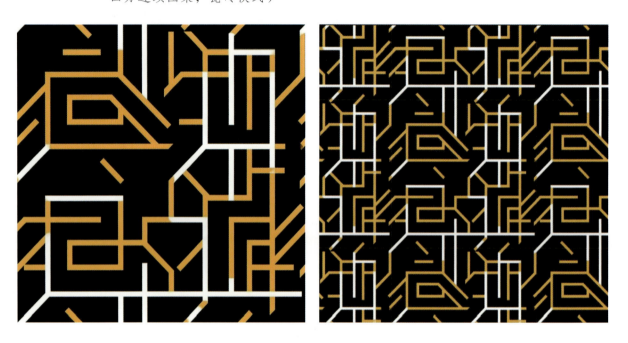

当然，图案设计也不仅限于正方形的构图，我们也可以生成其他画幅比例的连续图案。

（6）四方连续的插画风格图案。

prompt : Surrealist illustration, temple floating in the air, simple low-saturation contrasting colors, --ar 3：1 --tile --style raw

（超现实主义插画，飘浮在空中的寺庙，简单低饱和度的对比色，画幅比例3：1，瓷砖模式，原始模式）

我们选择第二张放大，再利用第三方图像软件进行拼合，可以看到上下左右均可以无缝拼接。

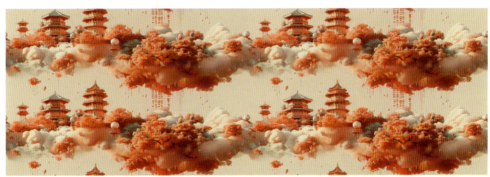

可见，对于非正方形构图，Midjourney同样很好地实现了四方连续。我们可以用这样的连续图案来设计胶带之类的文创产品。

此外，我们也可以按照自己需要的画幅比例来生成四方连续图案。

（7）自定义画幅比例的四方连续图案。

prompt：tropical fruits, --tile --ar 375：629

（热带水果，瓷砖模式，画幅比例 375：629）

我们选取第四张放大，再利用第三方图像软件进行拼合。可以看到，拼接效果非常好。我们可以将这类连续图案用于包装纸的设计。

由以上案例不难看出，利用 Midjourney 自带的参数 "--tile" 进行连续图案设计是非常便捷的。在早期的工艺美术设计中，为墙纸、瓷砖、布艺等设计这种连续图案往往需要花费大量的时间和人力，并且需要绘制精细的网格来进行对位，以保证图案衔接的稳定性。AIGC 工具的出现，将人从烦琐的重复劳动中解放出来，使设计师得以更好地释放创意和专注创作。

练习：进行不同主题的图案设计。

UI设计

UI 设计是 User Interface（用户界面）设计的简称，在现代的网页、手机系统、游戏、App 等交互设计中是必不可少的项目。我们同样可以利用 Midjourney 来辅助我们完成相关设计工作。

利用 Midjourney 辅助我们进行 UI 设计时，通常会用到 UI design（UI 设计）、Web design（网页设计）、App design（App 设计）、Mock-up（样机）、Software design（软件设计）、Interface design（界面设计）、figma（一款 UI 设计软件）、UX design（用户体验设计）、Website（网站）等关键词。

下面来看一组案例。

（1）一款预定咖啡的手机应用的 UI 设计。

prompt：application design for coffee order，layout design，UI，UX，figma，interface

（咖啡订购应用程序设计，布局设计，UI，UX，figma，界面）

（2）一个美式漫画教学网站的UI设计。

prompt：Website about comic course，books about comic theory，color theory，learning，beautiful website，web design，UI，UX，figma，--ar 9：16

（关于漫画课程的网站，漫画理论书籍，色彩理论，学习，漂亮的网站，网页设计，UI，UX，figma，画幅比例9：16）

（3）一个日本漫画教学网站的UI设计。

prompt：Website about manga course，books about manga theory，color theory，learning，beautiful website，web design，UI，UX，figma，--ar 16：9

（关于日本漫画课程的网站，日本漫画理论书籍，色彩理论，学习，美丽的网站，网页设计，UI，UX，figma，画幅比例 16：9）

（4）一家运动鞋线上商店的UI设计。

prompt：application interface design for sport shoes selling online，simple color，layout design，UI，UX，figma，interface

（在线销售运动鞋的应用程序界面设计，简单的颜色，布局设计，UI，UX，figma，界面）

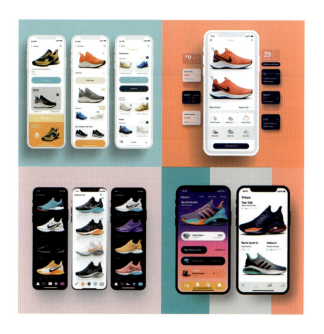

（5）一款科幻游戏的UI设计。

prompt：User interface design for a sci-fi game, futuristic, PlayStation, Xbox, layout design, UI, UX, figma, interface, --ar 16:9

（科幻游戏的用户界面设计，未来派，PS，Xbox，布局设计，UI，UX，figma，界面，画幅比例 16:9）

（6）一款卡通风格的儿童手机游戏的UI设计。

prompt：Interface design of a cute style children's mobile game, cartoon network style, layout design, UI, UX, figma, interface, --ar 4:5

（可爱风格的儿童手机游戏界面设计，卡通网络风格，布局设计，UI，UX，figma，界面，画幅比例 4:5）

（7）一本在平板电脑上阅读的百科全书的UI设计。

prompt：User interface design of an encyclopedia running on iPad, clean and simple interface, reasonable layout, clean illustrations, layout design, UI, UX, figma, interface, --ar 4：5

（在iPad上运行的百科全书的用户界面设计，界面干净简洁，布局合理，插图干净，布局设计，UI，UX，figma，界面，画幅比例4：5）

（8）一款图像处理应用的UI设计。

prompt：User interface design for image processing software, layout design, UI, UX, figma, interface, --ar 4：5

（图像处理软件的用户界面设计，布局设计，UI，UX，figma，界面，画幅比例4：5）

（9）一款音乐处理软件的UI设计。

prompt：User interface design for music production software，include vst plugin and audio track，layout design，UI，UX，figma，interface，--ar 4：5

（音乐处理软件的用户界面设计，包括vst插件和音轨，布局设计，UI，UX，figma，界面，画幅比例4：5）

可以看到，Midjourney 能够为我们提供很多关于 UI 构图、色彩、风格等的设计思路和灵感。Midjourney 生成的图片虽然是静止的，但理解 UI 设计逻辑的人可以迅速判断哪些是可以交互的图形、文字、按钮、旋钮、参数调整区域等。在此基础上结合 Photoshop、XD、figma 等专业软件，可以大大提高 UI 设计的效率。

练习：虚构一些网站、软件，针对不同主题进行 UI 设计，并通过修改描述词使其适用于不同终端。

贴纸设计

贴纸是现代设计中一种常见的延伸元素，经常以文创周边、儿童文具等形式出现。利用 Midjourney 设计贴纸的 prompt 很简单，在不同的主题词后面加上 sticker design（贴纸设计）就可以了。

下面来看一些案例。

（1）汽车主题的贴纸设计。

prompt：different cars, sticker design, --ar 4 : 5

（不同的汽车，贴纸设计，画幅比例 4：5）

（2）以城市文化符号为主题的贴纸设计。

prompt：different cultural icons of different cities，sticker design，--ar 4：5

（不同城市的不同文化图标，贴纸设计，画幅比例 4：5）

（3）旅行箱上的贴纸设计。

prompt：different icons on a suitcase，sticker design，--ar 4：5

（手提箱上的不同图标，贴纸设计，画幅比例 4：5）

（4）以故宫建筑风格为主题的贴纸设计。

prompt：The Forbidden City，sticker design，--ar 4：5

（紫禁城，贴纸设计，画幅比例 4：5）

利用 Midjourney 设计贴纸非常高效，确定好主题，写好 prompt，很快就能够得到已经排布好的整版贴纸。我们用打印机将其打印在带背胶的纸张上，就可以拥有自己的专属文创贴纸。

在本章的最后，需要再次强调，Midjourney 目前还不能完全替代设计师的工作，我们只有合理运用它，才能激发灵感，提高效率。

练习：利用 Midjourney 设计一些不同主题、不同风格的贴纸。

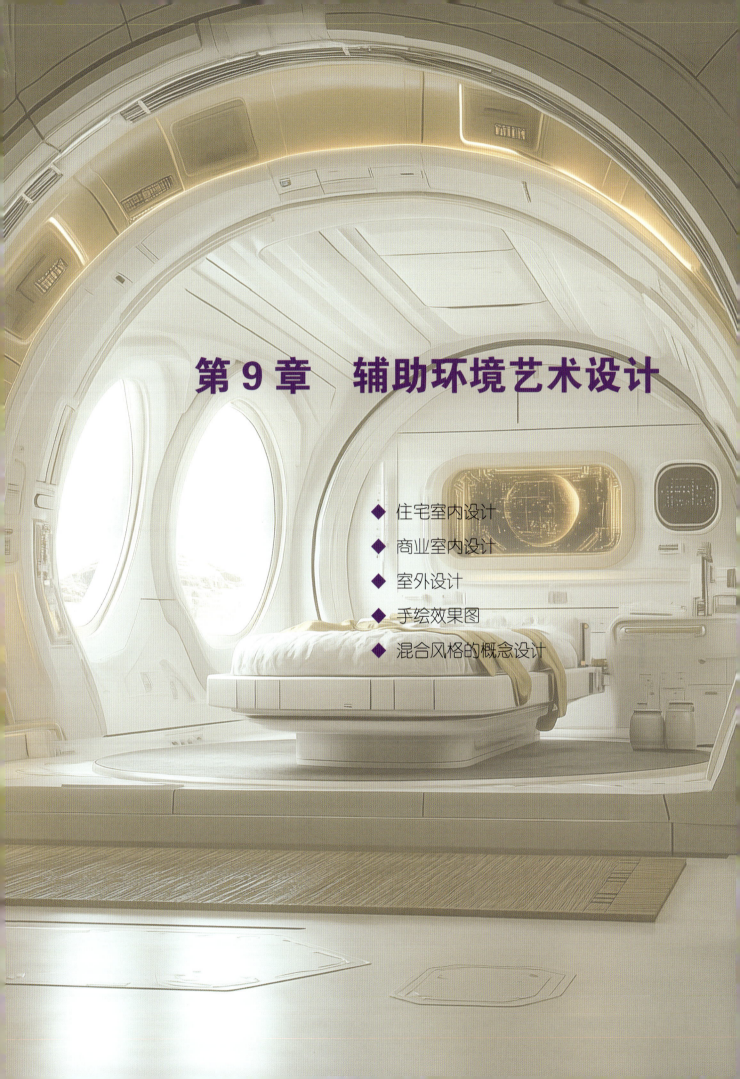

第 9 章 　辅助环境艺术设计

- ◆ 住宅室内设计
- ◆ 商业室内设计
- ◆ 室外设计
- ◆ 手绘效果图
- ◆ 混合风格的概念设计

环境艺术设计是一种将艺术与设计原则应用于创建和改善环境空间的实践，旨在美化生活或工作环境。这种设计不仅关注视觉美感，还强调功能性及与环境的和谐共生。它涵盖多个领域，如建筑设计、景观设计、室内设计和公共艺术项目，通常需要考虑可持续性、用户体验和文化意义。环境艺术设计的目标是创造出既实用又富有启发性的空间，提升人们的生活质量。

环境艺术设计是一门综合性极强且非常严谨的学科，涉及建筑、结构、力学、材料、心理学等多学科知识。与用 Midjourney 进行平面设计一样，利用其进行辅助环境艺术设计，更多的是汲取灵感，表达一些设计概念，无法像专门的环境设计软件那样精确地设计空间关系。同时，我们在本章也会把前面各章讲到的知识融合起来运用。

住宅室内设计

住宅室内设计专注于私人住宅空间的美观度和功能性改善，旨在为居住者创造舒适、安全并体现个人品味和需求的居住环境。其设计范围涵盖从整体房屋布局到具体的家具选择和色彩搭配。

住宅室内设计师在设计过程中需要考虑的问题包括居住者需求、功能布局、美学和风格、材料选择、照明设计等诸多方面，既要考虑美观，又要确保所有设计元素的实用性和功能性，以创造一个既舒适又美观的居住环境。

在这类设计工作中，我们可以利用 Midjourney 强大的自然语言理解能力和绘图能力，快速生成一些效果图作为参考。

以下是一些与住宅室内设计有关的描述词。

表9-1　住宅室内设计常用术语

英文	中文	英文	中文
建筑类别及空间区域类			
residential design	住宅设计	villa design/single family home design	别墅设计
living room	客厅	dining room	饭厅
foyer	玄关	kitchen	厨房
bathroom	盥洗室	study room	书房
storage room	储藏间	master bedroom	主卧
guest bedroom	客房	suite	套房
balcony	阳台		

续表

英文	中文	英文	中文
装饰风格类			
traditional American	传统美式风格	transitional	古典与现代过渡的风格
contemporary	现代风格	Chinese style	中式风格
new Chinese style	新中式风格	rococo	洛可可风格
baroque	巴洛克风格	Japanese log style	日式原木风
Southeast Asia style	东南亚风格	midcentury modern style	中世纪现代风格
rustic	田园风格	vintage	复古经典风格
bohemian	波西米亚风格	industrial	工业风格
minimalist	极简风格	Scandinavian/Swedish	北欧风格（瑞典风格）
warehouse	仓库风		

在让 Midjourney 生成住宅室内设计图时，我们可以选取相关描述词进行组合，再加上一些对家具或物品陈列的描述，得到我们期望的室内设计图片。

以下是一些具体案例。

prompt : The interior of an apartment of about 60 square meters, huge floor-to-ceiling windows, bright colors, Nordic style decoration, --ar 4∶3

（约 60 平方米的公寓内部，巨大落地窗，色彩鲜艳，北欧风格装修，画幅比例 4∶3）

prompt : A living room decorated in a new Chinese style, about 40 square meters, sofa, TV cabinet, curtains, decorative paintings on the wall, --ar 4∶3

（新中式装修客厅，约 40 平方米，沙发，电视柜，窗帘，墙上有装饰画，画幅比例 4∶3）

prompt：An industrial-style loft apartment with a ceiling height of about 5 meters, sofas, decorative paintings, curtains, and a lot of toys collected by the owner, --ar 3∶4

（一间工业风格的 loft 公寓，层高约 5 米，有沙发、装饰画、窗帘，还有业主收藏的很多玩具，画幅比例 3∶4）

prompt：A bright study room of about 30 square meters, desk, computer, window, yellow curtains, --ar 3∶4

（一间约 30 平方米的明亮自习室，书桌，电脑，窗户，黄色窗帘，画幅比例 3∶4）

prompt：Large and bright bedroom, double bed, small courtyard outside the window, chandeliers, Japanese style decoration, --ar 4∶3

（宽敞明亮的卧室，双人床，窗外有小庭院，吊灯，日式装修，画幅比例 4∶3）

我们还可以在 prompt 中加入关于空间主人的描述。例如：

prompt：Small balcony full of plant pots, bamboo rocking chairs, small log tables, bohemian decoration, the owner is a musician, --ar 3:4

（小阳台摆满花盆，竹摇椅，小原木桌子，波西米亚风格的装饰，主人是音乐家，画幅比例 3:4）

prompt：A bedroom of about 20 square meters for a 5-year-old girl, bright colors, light blue walls, pink furniture, carpets with cute patterns, plush toys, --ar 5:4

（属于 5 岁女孩的 20 平方米左右的卧室，色彩鲜艳，浅蓝色的墙壁，粉色的家具，带有可爱图案的地毯，毛绒玩具，画幅比例 5:4）

prompt：A dining room of 10 square meters in size, bright colors, a small coffee machine for home use, the owner of the house is a basketball player, warehouse style decoration

（一个 10 平方米大小的饭厅，明亮的色彩，家用小型咖啡机，房屋的主人是一位篮球运动员，仓库风格的装修）

prompt：A bright and spacious American country style kitchen of about 10 square meters, countertop, hood, the owner of the house is a young woman

（一间约 10 平方米的明亮宽敞的美式乡村风格的厨房，操作台，排气罩，房屋的主人是一位年轻的女性）

prompt : The living room of the villa, modern minimalist style, floor-to-ceiling windows, area rug, Sputnik light, ergonomic sofa, the owner of the house is a painter, --ar 16 : 9

（别墅的客厅，现代简约风格，落地窗，地毯，斯普特尼克枝形吊灯，人体工学沙发，房子的主人是画家，画幅比例 16 : 9）

　　可以看到，Midjourney 能非常准确地理解我们关于室内空间的描述，把包括空间大小、室内设计风格与氛围，乃至主人特点在内的内容都表达出来。如果我们想要得到更接近自己预期的画面，只需更详细地撰写 prompt 即可。

　　当然，在 Midjourney 输出的室内设计图里，家具的样式及陈列也是非常重要的内容。我们来看看 Midjourney 中一些常用家具陈设的描述词及其生成图。

storage bed（带储物功能的床）：

canopy bed and purple bedding set（带天篷的床和紫色的床上四件套）：

bedside bench（床头凳）：

Windsor chair（温莎椅）：

chaise longue（躺椅）：

L style sectional（L型沙发）：

bedside lamp（床头灯）：

chandelier（吊灯）：

glass chandelier（玻璃吊灯）：

sideboard（边柜）：

modern style chandelier（现代风格吊灯）：

minimal style sideboard（极简风边柜）：

Chinese style sideboard（中式边柜）：

可以看到，只要输入明确的描述词，Midjourney 生成的图像与现实是比较吻合的。我们可以不断优化 prompt，多次尝试，选择自己想要的风格或素材。

练习：尝试用 Midjourney 绘制各种风格的住宅室内设计概念图。

商业室内设计

商业室内设计专注于商业空间的环境设计，如办公室、餐厅、零售店铺、酒店等。和住宅室内设计一样，这类设计不仅要考虑美学需求，还要关注空间的功能性、安全性和舒适性，以满足商业活动的需求。

商业室内设计的内容一般包括需求分析、空间规划、概念设计、详细设计（绘制施工图）、材料与家具选择等许多方面。我们利用 Midjourney 无法精确地设计空间关系，但可以利用其强大的绘图能力来进行概念图的设计。

商业室内设计的 prompt 一般会用到 office design（办公室设计）、commercial interior design（商业室内设计）、model home design（样板房设计）、clubhouse interior design（会所室内设计）等关键词。

以下是一系列具体案例。

prompt：A bookstore reading hall，about 300 square meters，minimalist design，bright and comfortable sofas，--ar 4：3

（一个书店的阅读大厅，大约 300 平方米，极简主义设计，色彩明快、舒适的沙发，画幅比例 4：3）

prompt：An office of a toy company，about 300 square meters of office design，colorful，lively，with many independent rounded desks，two walls are floor-to-ceiling windows，--ar 4：3

（玩具公司的一间办公室，约 300 平方米的办公室设计，色彩缤纷，活泼，设有许多独立的圆形办公桌，两面墙是落地窗，画幅比例 4：3）

prompt：Conference room of a computer game company，futuristic style，large screen on the wall，irregular shaped conference table，shutters，game posters on the wall，sci-fi on the ceiling，--ar 4∶3

（一家电脑游戏公司的会议室，未来主义风格，墙上有很大的屏幕，不规则形状的会议桌，百叶窗，墙上有游戏海报，天花板上有科幻元素，画幅比例 4∶3）

prompt：A 20 square meters coffee shop with modern minimalist design，white tables and chairs，white bar and coffee machine，black billboards，gray floors，large irregular windows，--ar 5∶4

（一家 20 平方米的咖啡店，现代极简主义风格设计，白色的桌子和椅子，白色的吧台和咖啡机，黑色的广告牌，灰色的地板，不规则形状的大窗户，画幅比例 5∶4）

prompt：A superior hotel suite decorated in Southeast Asian style，chandelier，wall lamp，sofa，queen bed，--ar 5：4

（一间东南亚装修风格的高级酒店套房，吊灯，壁灯，沙发，大床，画幅比例 5：4）

prompt：The lobby of a nightclub playing electronic music is about 1000 square meters，and behind the DJ booth is a huge LED screen，a lot of lights，a dance floor in the middle，and a booth around the hall，--ar 5：4

（一间播放电子音乐的夜店的大厅，大概有 1000 平方米，DJ 台后面是巨大的 LED 屏幕，很多灯光，中间是舞池，大厅的四周是卡座，画幅比例 5：4）

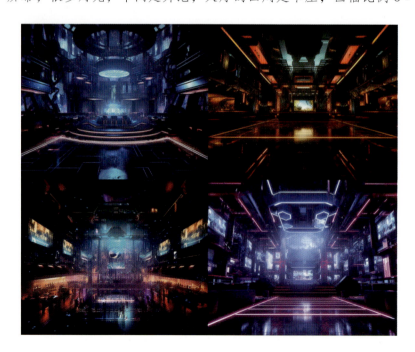

prompt : A Chinese-style hotel lobby about 15 meters high, huge Chinese-style chandeliers, screens, sofa waiting area, carpets, ultra-wide angle, --ar 3 : 4

（一间中式装修风格的酒店大厅，大约15米高，巨大的中式风格吊灯，屏风，沙发等候区，地毯，超广角，画幅比例3：4）

prompt : A 100 square meters Chinese Guangdong tea restaurant, traditional decoration, lattice floor tiles, --ar 4 : 3

（一间100平方米的中国广东茶餐厅，传统装修，格子地板砖，画幅比例4：3）

prompt：A record store interior of about 200 square meters in the 1990 s，Miami decoration style，bright environment，flamingo neon sign，--ar 4：3

（一间大约 200 平方米的 1990 年代的唱片店室内，美国迈阿密装修风格，明亮的环境，火烈鸟霓虹灯牌，画幅比例 4：3）

prompt：A mall of about 500 square meters and a height of 5 meters has a children's play space，bright colors，slides，ocean balls，inflatable cartoon models and other children's play facilities，--ar 4：3

（一间大约 500 平方米、高 5 米的商场里的儿童游乐空间，鲜艳的颜色，滑梯、海洋球、充气卡通模型等儿童游乐设施，画幅比例 4：3）

prompt：A pop-up shop of about 500 square meters with the theme of dinosaur inflatable models，--ar 4：3

（一间以恐龙充气模型为主题的大约 500 平方米的快闪店，画幅比例 4：3）

在 prompt 中加入关于材质的描述通常可以更好地表现主题。

prompt：Indoors，there is a 500-square-meter dinosaur inflatable model-themed pop-up store made of transparent acrylic. It is filled with huge dinosaur models made of various plastics. The woods outside can be seen from indoors，--ar 4：3

（室内，一个由透明的亚克力构成的 500 平方米的恐龙充气模型主题快闪店，里面堆满了各种塑料制作的巨大恐龙模型，能够从室内看到外面的树林，画幅比例 4：3）

以下是一些常见的材质类描述词，可以根据需要添加到 prompt 中。

表9-2　常用材质类描述词

英文	中文	英文	中文
braid	编织物	denim	牛仔布
glass	玻璃	leather	皮革
fabric	布料	gauze	纱布
marble	大理石	stone	石头
electroplating	电镀	silk	丝绸
canvas	帆布	plastic	塑料
jade	翡翠	ceramic	陶瓷
white marble	汉白玉	velvet	天鹅绒
gold leaf	金箔	tin foil	锡箔
metal	金属	rubber	橡胶
turquoise	绿松石	rust	锈迹
linen	麻布	acrylic	亚克力
agate	玛瑙	wool	羊毛
cotton	棉花	paper	纸
wood	木头	cardboard	硬纸壳

练习：尝试用 Midjourney 绘制各种类型的商业室内设计概念图。

室外设计

室外设计，也称景观设计，是指规划和设计户外公共和私人空间，以创造兼具功能性、美观性和可持续性的环境。室外设计是一个相对宽泛的概念，凡室内设计以外的环境设计基本都可归于室外设计，涉及园林、景观、花园、庭院、校园、商业地产户外区域等等。

室外设计师在设计过程中需要综合考虑功能性、环境适应性、美观性、用户体验等诸多方面的问题，通过创造性地解决这些问题，提供既美观又实用的户外空间，增强人们与自然环境的互动，提升生活质量。

我们同样可以利用 Midjourney 来快速生成一些室外设计概念图，以便和客户沟通时让对方快速理解风格、环境、氛围等抽象的概念。

室外设计的 prompt 一般会用到 exterior design（室外设计）、garden design（园林设计）、

landscape design（景观设计）、architecture design（建筑设计）等关键词。

下面来看一些具体案例。

prompt：A modernist style two-storey villa halfway up the mountain，glass structure，large terrace，vista，bird's eye view，--ar 4：3

（一栋坐落在半山腰的现代主义风格的两层别墅，玻璃结构，很大的露台，远景，鸟瞰，画幅比例4：3）

prompt：Outdoor area of a German-style villa on the lawn，fence，garden，swing，pool，--ar 4：3

（一栋坐落在草坪上的德式别墅的室外区域，栅栏，花园，秋千，泳池，画幅比例4：3）

prompt : The landscape design of an outdoor square of a shopping mall, with a small amount of greenery, metal sculptures, rest areas, --ar 4 : 3

（一个商场的户外广场的景观设计，有少量的绿化，金属雕塑，休息区域，画幅比例 4：3）

prompt : Outdoor seating area, bench in community in the middle of greenery, --ar 4 : 3

（户外休息区，位于社区绿化带中央的长凳，画幅比例 4：3）

prompt：An outdoor Japanese garden of about 100 square meters, quiet and zen-like,
--ar 4 : 3

（约 100 平方米的户外日式花园，安静而富有禅意，画幅比例 4 : 3）

prompt：The gate of the Chinese Dunhuang Culture Museum, designed with the
theme of Dunhuang Feitian, combines modernism and Chinese classicism
with an outdoor design, --ar 4 : 3

（一座以敦煌飞天为主题设计的中国敦煌文化博物馆的大门，结合了现代主义与
中国古典主义的设计，室外设计，画幅比例 4 : 3）

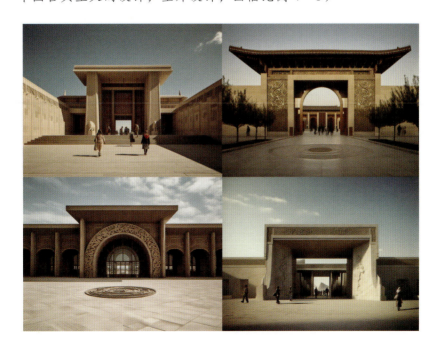

prompt : The exterior design of a futuristic seaside hotel，white as the main color，with a little orange，curved lines，--ar 4：3

（一座未来主义风格的海边酒店的外观设计，白色为主色调，搭配少许橙色，弯曲的线条，画幅比例 4：3）

prompt : Outdoor design，an outdoor area of a minimalist Chinese restaurant dominated by white，about 300 square meters，minimalist Chinese style garden，compact water features and small rockery，--ar 4：3

（室外设计，一间以白色为主色调的极简风中式餐厅的户外区域，大约 300 平方米，极简中国风花园，紧凑的水景和小小的假山，画幅比例 4：3）

手绘效果图

在计算机尚未普及的时代，手绘环境艺术设计效果图是设计师和客户交流时最为主流的手段，这对于设计师的绘画能力、结构表现能力、材料表现能力、氛围营造能力等有极高的要求。近年来，随着各种便捷的 3D 效果图制作软件的兴起，在商业案例中手绘室内外环境艺术设计效果图的情况越来越少，但手绘效果图的独特艺术魅力仍被很多环境设计艺术家推崇。

如今，我们可以利用 Midjourney 来帮我们生成手绘风格的室内外环境艺术设计效果图，只需在 prompt 中添加 hand-drawn renderings（手绘渲染）、watercolor hand-drawn renderings（水彩手绘渲染）、hand-drawn rendering with markers（马克笔手绘渲染）、sketch（素描、草图）等描述词即可。当然，这些描述词也可以用于生成其他手绘风格的作品。

prompt：Outdoor design, hand-drawn renderings, sketch, an outdoor area of a minimalist Chinese restaurant dominated by white, about 300 square meters, minimalist Chinese style garden, compact water features and small rockery
（室外设计，手绘效果图，素描，一个以白色为主色调的极简风中式餐厅的户外区域，大约 300 平方米，极简中国风花园，紧凑的水景和小小的假山）

prompt：Hand-drawn sketch with a marker of about 300 square meters of airport VIP lounge，minimalist design style，light blue，quiet and spacious，--ar 4：3

（一间大约 300 平方米的机场 VIP 休息室的马克笔手绘草图，极简主义风格，浅蓝色，安静、宽敞，画幅比例 4：3）

prompt：Watercolor hand-drawn renderings of a nursery，a crib with fences on all sides placed in the center of the room，light blue，stuffed animals，pink curtains，cute frescoes，large windows，--ar 4：3

（一间婴儿房的水彩手绘效果图，四面带围栏的婴儿床放置在房间中央，浅蓝色，毛绒玩具，粉色窗帘，可爱的壁画，大窗户，画幅比例 4：3）

prompt：Hand-drawn sketches of a living room of about 30 square meters, classic American decoration style, sofa, curtains, floor-to-ceiling windows, TV, chandeliers, carpets, --ar 4：3

（一间约 30 平方米的客厅的手绘草图，经典美式装饰风格，沙发，窗帘，落地窗，电视，枝形吊灯，地毯，画幅比例 4：3）

prompt：Marker hand-drawn interior design renderings, a luxury business office of about 40 square meters, modern style, shutters, bright, clean and simple, --ar 4：3

（马克笔手绘室内设计效果图，一间约 40 平方米的豪华商务办公室，现代风格，百叶窗，明亮，干净简洁，画幅比例 4：3）

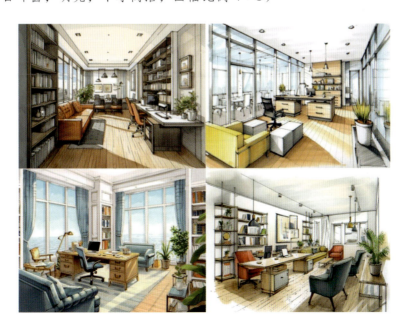

prompt：Marker hand-drawn sketch of exterior design，exterior of a takeaway coffee shop，simple design，red brick wall，white signboard，large automatic coffee machine at the window，white bench against the wall，--ar 4：3

（马克笔手绘室外设计草图，一家外带咖啡店的外观，简洁设计，红色砖墙，白色招牌，窗口处有大型全自动咖啡机，靠墙有白色长凳，画幅比例 4：3）

　　以上就是利用 Midjourney 生成手绘风格的环境艺术设计效果图的具体案例，简单来说，在前面讲到的环境艺术设计的 prompt 中加入诸如"手绘""草图"之类的关键词就可以了。当然，手绘效果图还有很多种艺术风格，感兴趣的读者可以利用网络等渠道进一步学习，以便让 Midjourney 输出更符合自己设想的设计效果图。

混合风格的概念设计

　　很多时候，由于个人知识结构存在短板，或者因为新的风格涌现太快，我们并不能将某些风格很准确地描述给 Midjourney。这时，我们可以利用前面讲过的"以图生图"方法，用多张图混合生成新的画面，来进行创作的尝试。

　　例如，我们想看看在一个空房间中按照不同风格陈列家具会得到什么样的效果。于是，我们将房间的图片和一张家具陈列的图片上传到 Midjourney 中，未输入任何描述，Midjourney 就将二者组合起来，得到了第三张图片。可以看到，Midjourney 较好地理解了我们的意图。

我们再尝试下不同的家居风格。

　　又如，对下面这栋建筑，我们希望在保留其设计特点的基础上，融入不规则几何起伏，看看新的效果。我们同样可以利用 Midjourney 将两张图片融合。

再来看一个将两种室内设计风格融合的案例。

可以看到，Midjourney 对不同的风格有着强大的理解能力，原图中的很多细节都能在新图中以全新的方式诠释出来。在撰写本书的时候，网络上已经出现将 AI 与室内设计软件进行桥接的插件，相信在不久的未来，设计师就能够完全依靠 AI 获得可以直接进行施工的室内外环境设计方案。

练习：利用 Midjourney 的图片混合功能尝试进行各种风格的环境艺术设计创作。

环境艺术设计往往是和建筑设计紧密结合的，而在建筑设计领域，有许多经典风格具有鲜明的特色和深远的影响，它们各有其设计原则和历史背景。在这里给大家简单介绍一些关于建筑风格的知识，大家也可以将它们应用到 prompt 中进行创作尝试。

古典主义（classicism）：源自古希腊和古罗马的建筑风格，强调对称、比例、几何形态和整体美感。

哥特式（gothic）：始于中世纪的欧洲，装饰特征有尖顶拱门、飞扶壁和彩色玻璃窗，强调垂直线条和光的效果。

文艺复兴（renaissance）：重拾古典主义元素，强调比例、对称和几何形状的和谐，代表人物有布鲁内莱斯基和阿尔伯蒂。

巴洛克（baroque）：兴起于 17 世纪的欧洲，特征是动态的形状、丰富的装饰和戏剧性的光影效果。

洛可可（rococo）：为巴洛克的一个分支，但更加精致和富有装饰性，常用于内部装饰，特点是使用轻巧、装饰性强的元素和柔和的曲线。

新古典主义（neoclassicism）：诞生于 18 世纪末到 19 世纪初，是对过度装饰的巴洛克和洛可可风格的反对，倡导回归古典形式和简洁线条。

现代主义（modernism）：兴起于 20 世纪初，摒弃传统装饰，强调"形式追随功能"，使用新材料如钢铁和混凝土，代表人物包括勒·柯布西耶和密斯·凡德罗。

后现代主义（postmodernism）：兴起于 20 世纪后期，源于对现代主义的反思和批评，特点是装饰性与象征性、历史主义与折中主义、幽默与反讽，强调大胆的色彩、新旧的融合与夸张的比例。

装饰艺术（art deco）：兴起于 20 世纪初，融合了现代流线型设计和复杂装饰，常见于电影院、酒店和其他公共建筑。

高科技（high-tech）：强调展示建筑技术和结构元素，如显露的钢结构和管道，代表作有蓬皮杜中心等。

可持续建筑/绿色建筑（sustainable architecture/green building）：强调环境保护和提高能源效率，使用可持续材料和技术，旨在减少对环境的影响。

解构主义（deconstructivism）：兴起于 20 世纪末，特点是非线性、非几何的扭曲形状，看似无序实则精心设计，如弗兰克·盖里的作品。

这些风格在不同的历史阶段对建筑设计产生了深远的影响，每种风格都有其独特的审美和技术特点，反映了不同时期的文化和社会价值倾向。大家可以在 Midjourney 中进行一些有探索性的风格融合，生成别具一格的作品。

第 10 章　"国潮"风格创作

◆ 传统国画

◆ 新潮国风

◆ 融合中国经典文化元素的"国潮"作品

近年来，中国传统文化越来越受到全世界的重视和喜爱，由此而诞生的"国潮"文化是将中国传统文化与现代元素相结合而形成的一种新的文化形式。所谓"国潮"，是"中国文化"与"潮流文化"的融合，既涵盖了中华各民族的优秀传统文化，也结合了时尚流行趋势与审美动向。"国潮"文化的兴起并非偶然，其根源是中国经济实力的增强和文化自信的提升，反映了中华文化的复兴。

"国潮"文化通常会结合奇幻、科幻、动漫、古典文学、非遗等元素，使传统文化以更加新颖、现代的方式呈现在人们面前，因此在年轻人中具有较高的认可度和影响力，成为引领当代中国社会审美的重要力量，并随国际文化交流传播到世界各地。

"国潮"文化在许多领域都产生了深远影响，在文旅文创领域尤为突出。文创产品是"国潮"IP应用领域中最重要的一部分，小到景区纪念品，大到大型文化陈列，都可以看到"国潮"文化的影子。"国潮"IP设计是以中华文化为参照，设计出以中国元素为主题的旅游产品，如以长城、故宫、敦煌、西湖等为主题的旅游产品。在时尚领域，"国潮"服饰以传统汉服与民族服饰为基础，融入现代元素而形成新型时尚服饰，受到年轻人的喜爱。另外，"国潮"文化还涉及食品、日用品、影音游戏、模型手办等多个领域，推动了相关产业的发展。

在这一章，我们就来探索如何利用 Midjourney 生成"国潮"作品。

传统国画

中国画是中华文化中很有代表性的艺术形式，它与西方绘画艺术形成了截然不同的艺术方向，也展示了人类文明的多元化与多样性。

我们在 prompt 中直接输入 traditional Chinese painting（国画）、ink wash painting（水墨画）、ink splash painting（泼墨画）等描述词，就可以生成具有传统中国画特征的图画。

下面来看一组案例。

prompt：temple in the mountain，Chinese traditional ink painting，ink splash，--ar 3：4
（山中的寺庙，中国传统水墨画，泼墨，画幅比例 3：4）

可以看到,这是一组特征非常鲜明的中国画。不过,画面中的许多细节过于写实,而中国画更重写意。所以,我们可以再尝试加入 **minimal element**(简约元素)这样的描述词来把控画面细节。

prompt:temple in the mountain,Chinese traditional ink painting,ink splash,minimal element,--ar 3:4

(山中的寺庙,中国传统水墨画,泼墨,简约元素,画幅比例3:4)

可以看到，限制了细节刻画后，画面更加简约、写意，更接近中国画的风格特点。

众所周知，唐宋时期的诗词以及文人绘画对中国画的影响非常深远，因此，在 **prompt** 中添加 **Tang poetry and Song lyrics style**（唐宋诗词风）一类的描述词也是一种创作中国画的方式。

prompt：Two old men playing chess on a stone table under a loquat tree, in a simple style, in the style of Chinese painting, Tang poetry and Song lyrics, --ar 3 : 4

（两位老人在枇杷树下的石桌上下棋，风格朴素，国画风格，唐诗宋词风格，画幅比例 3 : 4）

prompt：A light boat travels alone through a steep canyon, simple style, traditional Chinese painting, ink wash painting, Tang poetry and Song poetry style, --ar 3 : 4

（一叶轻舟孤独地穿越险峻的峡谷，简约风格，国画，水墨画，唐诗宋词风格，画幅比例 3 : 4）

山水画也是中国画里一种极具代表性的类型，因此，我们可以在 **prompt** 中添加 **Chinese landscape style**（中国山水风格）一类的关键词来创作中国画。

prompt : Layers of endless distant mountains，traditional Chinese painting，ink splash painting，Chinese landscape style，--ar 3 : 4

（层峦叠嶂的远山，国画，泼墨画，中国山水风格，画幅比例 3：4）

除了以上几种常见的风格描述，在 **prompt** 中添加具有代表性的国画大师的名字，可以让 Midjourney 生成具有这些国画大师绘画风格的作品。以下略举几例：

齐白石（1864—1957）：湖南湘潭人，被评为"人民艺术家""世界文化名人"。他的工笔画、写意画均堪称一绝。其代表作有《虾》《蟹》《牡丹》《牵牛花》《蛙声十里出山泉》等。

prompt : Traditional Chinese painting，a crow standing on a plum branch，Qi Baishi style，--ar 3 : 4

（国画，一只乌鸦站在梅花枝上，齐白石风格，画幅比例 3：4）

prompt：Traditional Chinese painting，a hen and a rooster with a group of chicks foraging under a tree，Qi Baishi painting style，--ar 3：5

（国画，一只母鸡和一只公鸡与一群小鸡在树下觅食，齐白石风格，画幅比例 3：5）

　　徐悲鸿（1895—1953）：江苏宜兴人，中国现代著名画家、美术教育家。擅油画、国画，尤精素描，融合中西技法而自成面貌。他画马为世所称，笔力雄健，气势恢宏，布避设色均有新意。其代表作《奔马图》最为世人所喜爱。

prompt：Traditional Chinese ink painting，a group of horses galloping，Xu Beihong style，--ar 3：4

（中国传统水墨画，群马奔腾，徐悲鸿风格，画幅比例 3：4）

prompt：Traditional Chinese painting，2 wild horses running，side view，Xu Beihong style，--ar 5：4

（国画，两匹奔跑的野马，侧视图，徐悲鸿风格，画幅比例 5：4）

张大千（1899—1983）：中国现代艺术史上的杰出人物，擅长山水、花鸟、人物等，被誉为"当今最负盛名之国画大师"。

prompt：Traditional Chinese ink painting，mountains and rivers，Zhang Daqian painting style

（中国传统水墨画，山水，张大千画风）

prompt：Traditional Chinese painting，Flowers and birds，Zhang Daqian style

（国画，花鸟，张大千画风）

吴昌硕（1844—1927）：近代著名国画家、书法家、篆刻家，"后海派"代表，杭州西泠印社首任社长，与任伯年、蒲华、虚谷合称为"清末海派四大家"。他集诗书画印于一身，融金石书画为一炉，被誉为"石鼓篆书第一人""文人画最后的高峰"。

prompt：An intricate gongbi-style flower and bird painting inspired by the artistic legacy of Wu Changshuo, --ar 4：5

（一幅精妙的工笔花鸟画，灵感源自吴昌硕，画幅比例 4：5）

刘海粟（1896—1994）：中国近现代国画家、油画家、书法家、美术教育家。

prompt：Chinese landscape painting, with bold lines and rich cultural heritage, imitates the style of Liu Haisu, --ar 3：4

（中国山水画，线条粗犷，富有文化底蕴，仿照刘海粟风格的绘画，画幅比例 3：4）

这里搜集了一些常用的创作中国风作品的描述词，供大家参考。

表10-1　中国风绘画常用描述词

中文	英文	中文	英文
画风			
草书风格	cursive script style	山水花鸟	landscape，flowers and birds
传统泼墨	traditional ink splashing	水墨抽象	ink abstract
传统人物	traditional figures	水墨动物	ink animals
传统山水	traditional landscape	水墨人物	ink figures
儿童中国画	children's Chinese painting	现代抽象	modern abstract
工笔花鸟	fine-brush flowers and birds	写意花鸟	freehand flowers and birds
工笔人物	fine-brush figures	写意山水	freehand landscape
京剧脸谱	Beijing opera faces	中国版画	Chinese printmaking
民间艺术	folk art	宗教题材	religious themes
年画	new year painting		
形式			
抽象国画	abstract Chinese painting	水彩国画	watercolor Chinese painting
传统国画	traditional Chinese painting	水墨画	ink wash painting
当代国画	contemporary Chinese painting	丝绸画	silk painting
粉末画	powder-based painting	现代实验绘画	modern experimental painting
民间绘画	folk painting	宣纸画	Xuan paper painting
墨彩画	ink and color painting	油画国画	oil Chinese painting
色彩水墨	colorful ink wash	杂技画	acrobatics painting
扇面画	fan painting	纸本画	paper-based painting
书画结合	calligraphy and painting combination	竹简画	bamboo slip painting
数码国画	digital Chinese painting	着彩画	colored painting
名家			
陈逸飞	Chen Yifei	何海霞	He Haixia
董其昌	Dong Qichang	胡一川	Hu Yichuan
傅抱石	Fu Baoshi	黄宾虹	Huang Binhong
何绍基	He Shaoji	黄胄	Huang Zhou

中文	英文	中文	英文
李公麟	Li Gonglin	王孟希	Wang Mengxi
李苦禅	Li Kuchan	文徵明	Wen Zhengming
李可染	Li Keran	吴昌硕	Wu Changshuo
梁楷	Liang Kai	吴冠中	Wu Guanzhong
刘海粟	Liu Haisu	徐渭	Xu Wei
林风眠	Lin Fengmian	徐悲鸿	Xu Beihong
林良	Lin Liang	张大千	Zhang Daqian
齐白石	Qi Baishi	赵无极	Zhao Wou-Ki
沈周	Shen Zhou	赵之谦	Zhao Zhiqian
石涛	Shi Tao	郑板桥	Zheng Banqiao
唐寅	Tang Yin	朱屺瞻	Zhu Qizhan

新潮国风

以上我们尝试绘制的都是比较传统的中国画，接下来我们试着融入一些现代艺术的技法和特征，来增强"国潮"的感觉。在创作这类作品时，我们需要使用一些现代视觉艺术词汇，如几何、构图、图形设计、材质、超现实、卡通、当代艺术流派或艺术家的名字等。

下面举例说明。

prompt：Symmetrical composition painting with stripes and an orange and gold sun, in soft geometric style, light pink and light indigo, traditional Chinese landscape painting fused with golden age illustration, precise lines and outlines, contrasting balance, single line art illustration, sparse simplicity, Y2K, cute scrapbooking element, white background, --ar 3∶4 --style raw --stylize 250

（带有条纹和橙色及金色太阳的对称构图，柔和的几何风格，浅粉色和浅靛蓝，融合了黄金时代插图的中国传统山水画，精确的线条和轮廓，对比平衡，单线艺术插图，稀疏简洁，Y2K，可爱的剪贴簿元素，白色背景，画幅比例 3∶4，原始模式，风格强度 250）

prompt : Symmetrical composition with stripes and a yellow sun, geometric style, green and blue, traditional Chinese landscape painting with acid art elements, geometric lines and outlines, contrast balance, single line art illustration, grid elements, acid art style, few laser texture elements, black background, --ar 3 : 4 --style raw --stylize 250

（带有条纹和黄色太阳的对称构图，几何风格，绿色和蓝色，融合了酸性艺术元素的中国传统山水画，几何线条和轮廓，对比平衡，单线艺术插图，网格元素，酸性艺术风格，少许激光纹理元素，黑色背景，画幅比例3：4，原始模式，风格强度250）

prompt : Mountains and rivers, geometric composition, pure purple sky, white mountains, silk painting style, Song Huizong, Zhao Ji, murals, simple design textures, brushstrokes, details, huge Chinese palaces, gold brushstrokes, minimalism, Leon Spilliaert style, fine line drawing, large scenes, contour lines, --ar 4 : 5

（山川河流，几何构图，纯紫色的天空，白色的山脉，丝绸画风格，宋徽宗，赵佶，壁画，简单设计的纹理、笔触、细节，巨大的中国宫殿，金色笔触，极简主义，莱昂·斯皮利亚特风格，细线绘画，大型场景，轮廓线，画幅比例 4：5）

prompt : a heliocentric painting with stripes and a golden sun, geometric style, light purple and light Klein blue, Leanne Surfleet, Mars Ravelo, golden age illustration mix Chinese traditional landscape ink painting, precise lines and outlines, contrasting balance, single line art illustration, sparse and simple, cute clip art, yellow background, --ar 5 : 4 --style raw --stylize 250

（带有条纹和金色太阳的"日心说"主题绘画，几何风格，浅紫色和浅克莱因蓝色，利安娜·瑟弗利特风格，马尔斯·雷夫洛风格，黄金时代插画混合中国传统山水画，清晰的线条和轮廓，对比平衡，单线艺术插画，稀疏简单，可爱的剪贴画，黄色背景，画幅比例 5：4，原始模式，风格强度 250）

prompt：The Forbidden City, minimalism, abstract painting of Chinese architecture, Davo Minzi style, Ian Faulkner style, blue and red, minimalist background, saturated pool of paint, shot with a Sony camera, realistic rendering, natural harmony, --ar 4 : 5 --style raw --stylize 250

（故宫，极简主义，中国建筑抽象画，达沃·明兹风格，伊恩·福克纳风格，蓝色和红色，极简主义背景，饱和的颜料池，用索尼相机拍摄，逼真的渲染，自然和谐，画幅比例4：5，原始风格，风格强度250）

prompt：Chinese art poster, crimson agate and gold style, large areas of gold color blocks, gold lacquer, atmospheric landscape painting, surrealist architectural landscape, Shu Uemura, graphic design, graphic composition, mural, --ar 3 : 5

（中国艺术海报，深红玛瑙和金色风格，大面积金色色块，金漆，意境山水画，超现实主义建筑景观，植村秀，平面设计，平面构图，壁画，画幅比例3：5）

prompt : Light pink and light blue world, Chinese temples and pagodas beside mountains and water, miniature landscape, pine trees, architecture, scenery, Song Huizong, Zhao Ji, texture, brushstrokes, details, mural, pink brushstrokes, minimalism, geometric background, vaporwave style, --ar 3 : 4

（浅粉色和浅蓝色的世界，山水旁的中国寺庙和宝塔，微缩景观，松树，建筑，风景，宋徽宗，赵佶，纹理，笔触，细节，壁画，粉色笔触，极简主义，几何背景，蒸汽波风格，画幅比例 3 : 4）

prompt : light red and blue, traditional ancient Chinese figure painting, woman holding a whisk, Zhang Daqian style, texture, brushstrokes, details, mural, pink brushstrokes, minimalism, bright background with design and collage material, --ar 3 : 5 --style raw --stylize 500

（浅红色和蓝色，中国传统人物画，手持拂尘的女子，张大千风格，纹理，笔触，细节，壁画，粉红色笔触，极简主义，明亮背景搭配设计和拼贴材料，画幅比例 3 : 5，原始模式，风格强度 500）

prompt：A Chinese male figure in blue and white porcelain style, with multiple exposures of mountains and forests, a girl's dense forest, and a dress with floral patterns, depicted as a pure background illustration, in vector format. The work was created using traditional fine brushwork techniques.There is only one subject in the painting, surrounded by a white border. --ar 3：5--style raw --stylize 250

（一个青花瓷风格的中国男性人像，多重曝光的山林、女孩、茂密山林，连衣裙上绘有花卉图案，描绘为纯背景插图，矢量格式。作品采用传统工笔画技法创作。画中只有一个主体，周围有白色边框。画幅比例 3：5，原始模式，风格强度 250）

在 niji 模式下应用中国元素也会得到非常符合年轻人审美的风格化作品。

prompt：Ancient Chinese women, with beautiful lines and rich cultural heritage, painting in the style of Liu Haisu, --ar 3：4--niji 6

（中国古代女性，线条优美，文化底蕴深厚，仿照刘海粟风格绘画，画幅比例 3：4，niji 6 模式）

prompt : Light pink and light blue world, Chinese temples and pagodas beside mountains and water, miniature landscape, pine trees, architecture, scenery, Song Huizong, Zhao Ji, texture, brushstrokes, details, mural, pink brushstrokes, minimalism, geometric background, vaporwave style, --ar3 : 4 --niji 6

（浅粉色和浅蓝色的世界，山水旁的中国寺庙和宝塔，微缩景观，松树，建筑，风景，宋徽宗，赵佶，纹理，笔触，细节，壁画，粉色笔触，极简主义，几何背景，蒸汽波风格，画幅比例 3：4，niji6 模式）

prompt : Abstract representation of natural scenery and ancient buildings, with smooth and dynamic forms and harmonious tones, imitating the style of Zhao Wou-Ki, --ar 3 : 4 --niji 6

（自然风景和古建筑的抽象表现，形式流畅动感，和谐的色调，模仿赵无极风格，画幅比例 3：4，niji6 模式）

prompt : Chinese landscape, with mountains and mists, ancient temples, lush forests, waterfalls flowing down from the mountains, Victo Ngai illustration style, green, blue, white, --ar 3 : 4 --niji 6

[中国山水，群山连绵层叠，山间云雾缭绕，古代的寺庙，森林茂密，瀑布从山间奔流而下，倪传婧（Victo Ngai）插画风格，绿色、蓝色、白色，画幅比例 3：4，niji6 模式]

prompt : Mountains, black mountains, golden rivers, lonely landscapes, light backgrounds, collages, color blocks, thin gold lines, gold-plated textures of the smallest blocks, freehand white, Song Dynasty murals, Chinese Zen, symmetrical composition, golden rectangles, Piet Mondrian style, --ar 3 : 4 --niji 6

（山川，黑色山脉，金色河流，孤独的风景，浅色背景，拼贴，色块，细金线，镀金的最小色块肌理，写意白色，宋代壁画，中国禅意，对称构图，黄金矩形，皮特·蒙德里安风格，画幅比例 3：4，niji6 模式）

以上都是一些偏向于写意的国潮风格绘画。有时，我们还需要表现具体场景或者故事情节。对于这样的内容，我们最好按照一定的格式撰写prompt。最常用的格式是：

prompt：主体+环境+镜头+风格

其中，主体就是画面中的角色、地点、动作等的描述；环境是画面的层次、光感、氛围等的描述；镜头是视觉构图和视角的表达，例如正面、侧面、特写、远景之类的描述；风格则是画面的绘画形式，可以是国画、油画、漫画、设计风格、画家风格等。

我们来看看以下示范：

主体：春天，一个穿着古代服装的女孩骑马奔驰在草原上，周围是辽阔、起伏的草原，鸟群飞翔在天空中，远处有隐约可见的雪山。

环境：神话故事感，以绿色为主色调。

镜头：远景。

风格：插画，平面的彩色线条，梵高的绘画风格。

prompt：In spring, a girl in ancient costume rides a horse on the grassland, surrounded by undulating grasslands, flocks of birds flying in the sky, and snow-capped mountains vaguely visible in the distance. It feels like a fairy tale, illustrations, flat colored lines, with green as the main color, distant view, long shot, Van Gogh's painting style, --ar 3：4 --niji 6

可以看到，按照这样的描述格式，我们可以生成内容比较确定的画面。下面再看几个案例。

prompt : In autumn, a girl in ancient Chinese clothes walks on the grassland, surrounded by rows of birch trees, wild geese flying in the sky, autumn leaves dancing in the air, fairy tale feeling, illustration, flat color lines, with gold and yellow as the main colors, looking up, distant view, Van Gogh's painting style, --ar 3 : 4 --niji 6

（秋天，一位穿着中国古装的少女走在草原上，周围是一排排的白桦树，天空中飞翔的大雁，秋叶在空中飞舞，童话般的感觉，插画，平面的彩色线条，以金色和黄色为主色调，仰视，远景，梵高的画风，画幅比例 3：4，niji6 模式）

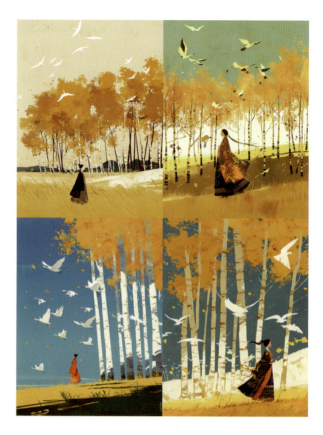

prompt : Under the bright moonlight, two ancient Chinese warriors holding weapons stand in an open space in the middle of a bamboo forest, staring at each other nervously, with bamboo leaves falling, dark green and yellow as the main tones, a feeling of martial arts, looking up, tilted camera, mid-ground, blurred foreground, imitating the painting style of Wu Guanzhong, --ar 16 : 9 --niji 6

（明亮的月光之下，两位手握兵器的中国古代武士站在竹林中间的空地上紧张地对视着，竹叶飘落，以暗绿色和黄色为主色调，武侠的感觉，仰视，镜头倾斜，中景，前景模糊，模仿吴冠中的绘画风格，画幅比例 16：9，niji6 模式）

prompt : In the magnificent interior of an ancient Chinese palace, a young woman in gorgeous clothes is practicing calligraphy at a desk with papers, brushes and inkstones on it. A ginger cat is watching her from the desk. Light shines into the room from the window. Animation movie feel, literary and romantic atmosphere. Mid-shot, looking down. Makoto Shinkai animation movie style. --ar 16：9 --niji 6

（华丽的中国古代宫殿内，一个穿着华丽的年轻女子正在书桌前练习书法，桌上摆放了纸张、毛笔和砚台，一只橘猫在书桌上看着她。光线从窗外照进室内。动画电影感，文艺、浪漫的氛围。中景，俯视。新海诚动画电影风格。画幅比例16：9，niji6模式）

prompt : Warriors of the ancient Tang Dynasty of China wearing armor, riding horses, holding the red and blue interwoven flags of the Tang Dynasty, waving huge swords to attack the enemy. The horses' hooves raise dust. The background is a vast desert, showing a fierce battle scene. Mid-ground, looking up. The style of ancient Chinese painting mixed with digital illustration. --ar 16：9 --niji 6

（中国唐朝的战士穿着盔甲，骑在马上，手持唐代的红色和蓝色交织的旗帜，挥舞着巨大的剑攻击敌人。马蹄扬起灰尘。背景是一片广阔的沙漠，展现激烈的战斗场面。中景，仰视。中国古代绘画混合数字插画的风格。画幅比例16：9，niji6模式）

通过以上例子不难看出，有效运用描述词，就可以获得很具象的具有"国潮"风格的画面，再结合前面介绍过的控制角色一致性的手段，就可以绘制绘本、漫画等系列作品。

练习：探索在 Midjourney 中利用中国传统绘画元素进行"国潮"风格插画的创作。

融合中国经典文化元素的"国潮"作品

除了中国传统绘画元素，中华文化中取之不尽、用之不竭的经典元素也是创作"国潮"作品的重要素材。从敦煌到三星堆，从《山海经》到十二生肖，从长城到故宫等，都可以成为创作的灵感源泉。

敦煌元素

敦煌壁画艺术是中国古代艺术的重要组成部分，主要分布在甘肃省敦煌市的莫高窟。敦煌壁画始于公元 4 至 5 世纪，盛于公元 7 至 9 世纪，是中国古代丝绸之路上一个重要的宗教艺术中心。敦煌壁画以线条精细、色彩鲜艳、构图繁复而著称。艺术家们巧妙地结合了中国传统绘画技法和中亚、印度等外来艺术风格，形成了独特的敦煌风格。壁画内容广泛，涵盖儒释道等宗教主题，多表现佛经故事、历史典故，包罗佛像、菩萨、天神、信徒等形象。这些壁画不仅是艺术精品，也是当时社会、文化、宗教信仰的重要见证。敦煌壁画因其极高的艺术价值和历史意义，被联合国教科文组织列为世界文化遗产。为了保护这些壁画，相关部门进行了大规模的修复和保护工作，并开展了系统的研究和数字化保护。

下面，我们就以敦煌壁画作为灵感来源，进行一组"国潮"风格的绘画创作。

prompt：Gorgeous Dunhuang murals, Chinese flying goddesses, totem patterns of the sun and auspicious clouds in the background, colorful ink paintings, Ukiyo-e style, epic ink curved shots, exaggerated perspectives, amazing moments, traditional Chinese elements, exquisite lines, surrealism, Behance, super details, rock painting, murals, high-definition quality, --ar 3：4 --niji 6

（华丽的敦煌壁画，中国飞天神女，背景是太阳和祥云的图腾图案，彩色水墨画，浮世绘壁画风格，史诗般的水墨弧形镜头，夸张的视角，令人惊叹的时刻，中国传统元素，精美的线条，超现实主义，Behance 平台，超级丰富的细节，岩彩画，壁画，高清画质，画幅比例 3：4，niji6 模式）

prompt : A beautiful Dunhuang flying dancer, with delicate makeup, holding a pipa, suspended in the air, dancing gracefully, flowing ribbons and skirts, gorgeous headdress, exquisite costumes with embroidery, many complex details, delicate textures, unreal artistic background, natural light, realism, OC renderer, 3D rendering, 8K ultra high definition, --ar 4 : 5 --niji 6

（一位美丽的敦煌飞天舞者，精致的妆容，手抱琵琶，悬浮在空中，舞姿优美，飘逸的缎带和裙摆，华丽的头饰，带有刺绣的精致服饰，很多复杂细节，细腻的纹理，虚幻的艺术背景，自然光线，写实，OC渲染器，3D渲染，8K超高清，画幅比例 4 : 5，niji6 模式）

prompt：Chinese Dunhuang murals, golden background, many people singing and dancing together, dynamic poses, golden edge texture, red and green contrast color matching, many exquisite details, UHD picture--ar 3：4--niji 6

（中国敦煌壁画，金色背景，许多人一起载歌载舞，动态姿势，金色边缘纹理，红绿对比配色，很多精致的细节，超高清画面，画幅比例 3：4，niji6 模式）

我们还可以尝试进行更大胆的风格跨界融合，将西方艺术家的姓名或风格作为描述词，来探索"中西合璧"的可能性。例如，我们尝试将"Van Gogh"（梵高）作为一个新的描述词加入 prompt 中。

prompt：Dunhuang murals, starry sky background, several people singing and dancing together, dynamic poses, blue contrast color, many exquisite details, mid-ground, ultra-high-definition picture, Dunhuang rock paintings mixed with Van Gogh style, --ar 3：4--niji 6

（敦煌壁画，星空背景，几个人一起载歌载舞，动态姿势，与蓝色形成对比的色彩搭配，很多精致的细节，中景，超高清画面，敦煌岩彩画混合梵高风格，画幅比例 3：4，niji6 模式）

我们再尝试将超现实风格画家达利（Dali）作为描述词。

prompt：Dunhuang murals, starry sky background, several people singing and dancing together, dynamic poses, red and blue contrasting colors, many exquisite details, mid-ground, ultra-high-definition images, surreal style, Dunhuang rock paintings mixed with Dali style，--ar 3：4 --niji 6

（敦煌壁画，星空背景，几个人一起载歌载舞，动态姿势，红蓝对比配色，很多精致的细节，中景，超高清画面，超现实风格，敦煌岩彩画混合达利风格，画幅比例3：4，niji6模式）

《山海经》元素

《山海经》据传为战国时期或秦汉时期的著作，分为《山经》和《海经》两部分。书中记载了古代中国地理、民族及神话传说等丰富的内容，包括地形地貌、山川湖海以及神话传说中的怪异生物、神灵等。《山海经》中的丰富神话传说和奇幻故事，为后世文人墨客提供了丰富的文学创作素材。书中对奇异动植物和神灵的描写，也激发了中国古代艺术家的想象力和表现力，如隋唐以来的壁画、织锦等艺术品中，均能找到《山海经》的影子。另外，《山海经》中的传说深入民间，也影响了中国传统民间艺术的表现形式，如年画、剪纸等。

《山海经》里面描写了大量神奇的生物，这些都是"国潮"创意的宝贵灵感源泉。其中最为人熟悉的有青龙、白虎、朱雀、玄武、饕餮、麒麟等。

青龙代表东方，四象之一，通常被认为是风的化身，亦是祥瑞和权力的象征，常与帝王联系在一起。

prompt：Chinese ink painting style, gilded brushstrokes, mythical beasts from Shanhaijing, a huge and majestic blue dragon hovering over the mountains, with waterfalls, flowing clouds, fantasy scenes, epic ink curves, the shocking feeling brought by the huge Chinese painting, dark cyan and light bronze and gold, light fawn, 8K, exquisite details, Qi Baishi, Wu Guanzhong, --ar 3：4--niji 6

（中国水墨画风格，烫金笔触，《山海经》中的神兽，一只巨大威严的青龙盘踞在山脉之上，山中有瀑布，流云，奇幻场景，史诗般的水墨曲线，巨大的中国画带来的震撼感，深青色、浅青铜色和金色，浅黄褐色，8K，精致的细节，齐白石风格，吴冠中风格，画幅比例3：4，niji6模式）

白虎代表西方，四象之一，被视为西方的守护神，象征着勇猛和力量，也与死亡和墓地有关联。

prompt：Chinese ink painting style, geometric composition, gilded brushstrokes, mythical beasts from Shan Hai Jing, a white tiger with huge wings flying above a prosperous ancient city with palaces and huge pagodas, fantasy scene, epic curves, huge shocking feeling brought by Chinese mythology painting, white and silver gold, 8K, exquisite details, Wu Guanzhong, Piet Mondrian style, --ar 3：4--niji 6

（中国水墨画风格，几何构图，镀金笔触，《山海经》中的神兽，一只长着巨大翅膀的白虎翱翔于一座繁华的古城上空，古城里有宫殿和巨大的宝塔，奇幻的场景，史诗般的曲线，中国神话画带来的巨大震撼感，白色和银金混合色，8K，精致的细节，吴冠中，皮特·蒙德里安风格，画幅比例 3：4，niji6 模式）

朱雀代表南方，四象之一，是火的象征，常与夏季、炎热相关联，有助于农作物的生长，具有吉祥、繁荣的象征意义。

prompt：Chinese ink painting style, symmetrical composition, rough brushstrokes, the mythical beast Suzaku in Shanhaijing, a vermilion bird with exquisite decorative patterns flying over the ocean, a huge and gorgeous ancient ship on the decorative waves, an epic fantasy scene, a huge shock brought by Chinese mythological paintings, deep red and silver gold, 8K, exquisite details, Zhang Daqian, --ar 3 : 4 --niji 6

（中国水墨画风格，对称构图，粗犷的笔触，《山海经》中的神兽朱雀，一只带有精美装饰图案的朱红色的鸟飞过海洋，波涛上巨大而华丽的古船，史诗般的奇幻场景，中国神话画带来的巨大震撼，深红色和银金色，8K，精致的细节，张大千，画幅比例 3：4，niji6 模式）

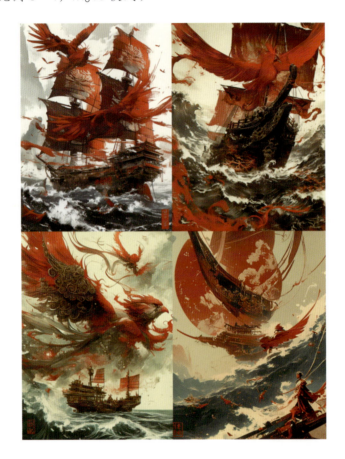

玄武代表北方，四象之一，是水的化身，常以龟蛇组合的形态出现，有保护和祈福的作用，也与武力、长寿有关。

prompt：Chinese ink painting style, modern geometric composition, rough brushstrokes, Xuanwu, the mythical beast in Shanhaijing, a turtle with exquisite golden decorative patterns and a giant python entwined on the Gobi Desert, a huge and gorgeous palace on the turtle's back, a flock of geese in the sky, an epic fantasy scene, the great shock brought by Chinese mythological paintings, brown and silver gold colors, 8K, exquisite details, Song Huizong, --ar 3 : 4 --niji 6

（中国水墨画风格，现代几何构图，粗犷的笔触，玄武，《山海经》中的神兽，带有精美金色装饰图案的乌龟和巨蟒一起盘踞在戈壁之上，乌龟背上有巨大的华丽宫殿，天空中有雁群，一个史诗般的奇幻场景，中国神话画带来的巨大震撼，褐色和银金色，8K，精致的细节，宋徽宗，画幅比例 3：4，niji6 模式）

饕餮是《山海经》中的神兽，集多种动物的特征于一身，代表着贪婪、暴力和混乱的力量。

prompt：Chinese meticulous painting style，modern geometric composition，delicate brushstrokes，the mythical beast Taotie in the Classic of Shanhaijing，Taotie with various ancient unknown patterns opens its huge mouth and sucks all kinds of rare treasures into its mouth，epic fantasy scene，the great shock brought by Chinese mythological paintings，bronze and dark red，8K，exquisite details，--ar 3：4--niji 6

（中国工笔画风格，现代几何构图，细腻的笔触，《山海经》中的神兽饕餮，带有各种远古未知图案的饕餮张着巨大的嘴，把各种奇珍异宝往嘴中吸，史诗般的奇幻场景，中国神话画带来的巨大震撼，青铜色和暗红色，8K，精致的细节，画幅比例 3：4，niji6 模式）

这个饕餮形象看起来有点骇人，我们可以做些修改，使其更符合大众审美，例如添加"可爱""卡通"等描述词。

prompt：Cartoon style, modern geometric composition, delicate brushstrokes, cute mythical beast Taotie from Shanhaijing is laughing, with exquisite ancient unknown patterns on its body, opening its huge mouth and sucking all kinds of rare treasures into its mouth, cute children's picture book style, Chinese mythology, bronze and dark red, 8K, exquisite details, --ar 3 : 4 --niji 6

（卡通风格，现代几何构图，细腻的笔触，可爱的《山海经》中的神兽饕餮正在笑，身上有精美的远古未知图案，张着巨大的嘴，把各种奇珍异宝往嘴中吸，可爱的儿童绘本风格，中国神话故事，青铜色和暗红色，8K，精致的细节，画幅比例3：4，niji6模式）

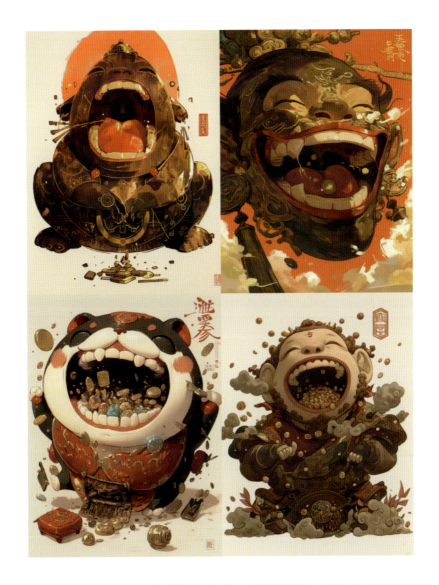

麒麟是古代神话中的瑞兽，象征着吉祥和富贵，体貌华美，具有长寿和聪明的象征意义。

prompt：Cartoon character modeling design, the cute mythical beast Qilin in Shanhaijing, with exquisite ancient unknown patterns on its body, cute style, exquisite details, toy design, 3D animation modeling, solid color background, studio lighting, Blender style, --ar 1 : 1 --niji 6

（卡通角色造型设计，可爱的《山海经》中的神兽麒麟，身上有精美的远古未知图案，可爱的风格，精致的细节，玩具设计，3D动画造型，纯色背景，工作室灯光，Blender风格，画幅比例 1：1，niji6 模式）

《山海经》中还有很多神话生物，在此就不一一列举了。我们搜集了一些主要的珍禽异兽、神灵鬼怪的描述词，大家可以添加到prompt中自行尝试。

表10-2　关于《山海经》中珍禽异兽、神灵鬼怪的描述词

中文	英文	中文	英文
白虎	white tiger	海妖	sea nymph
北地	northern land	河伯	river lord
赑屃	bixi	火鸟	firebird
螭吻	chiwen	江神	river god
大头怪	big-headed monster	金睛怪	golden-eyed monster
大禹	Yu the great	金狮	golden lion
电母	lightning mother	九尾狐	nine-tailed fox
东皇	eastern emperor	雷公	thunder god
独角兽	unicorn	雷霆	thunderbolt
独眼兽	cyclops	泪石	tear stone
风伯	wind god	龙龟	dragon tortoise
凤凰	phoenix	梅山	plum mountain
鬼将	ghost general	猕猴	macaque
海魔	sea demon	南国	southern land

续表

中文	英文	中文	英文
霹雳	thunderclap	天将	sky general
麒麟	kirin	五足兽	five-legged beast
青龙	azure dragon	西王母	queen mother of the west
山神	mountain spirit	犀兽	rhinoceros
水怪	water monster	玄武	xuanwu（black tortoise）
狻猊	suanni（Chinese mythical lion）	鱼怪	fish monster
饕餮	taotie（gluttonous monster）	朱雀	vermilion bird（rosefinch）
桃花精	peach blossom spirit	朱厌	vermilion reptile

生肖元素

中国的十二生肖是很有代表性的文化符号。它是一种与年份相关的传统纪年系统，每个生肖为一种特定的动物，按照 12 年一个周期排列。而且每个生肖都有其独特的性格特征和象征意义。

鼠：机智、灵活，象征聪明和机敏。

牛：稳重、踏实，象征勤劳和耐力。

虎：勇敢、果断，象征力量和英雄气概。

兔：机警、温和，象征着安宁和幸福。

龙：神秘、威严，象征权威和运气。

蛇：聪明、深思，象征智慧和神秘。

马：自由、热情，象征冒险和活力。

羊：温和、善良，象征和平和温暖。

猴：机灵、灵巧，象征聪明和机智。

鸡：勤奋、正直，象征诚实和勤劳。

狗：忠诚、坚定，象征忠实和友好。

猪：善良、诚实，象征幸福和繁荣。

在过去，人们还相信生肖与个人的命运和性格有一定的关联，因此在中国传统文化中，生肖除了用于纪年外，也常被用来预测吉凶和分析个性特征。

对于十二生肖这样一个中国传统文化IP，我们可以将它设计成"潮玩"，如盲盒、手办、公仔等。IP设计一般要求呈现玩具的不同视角，以及一些比较有代表性的玩具品牌，例如泡泡玛特、乐高等。常见的描述词有：full body，front，side and back views（全身，正面、侧面、背面视图）；toy design（玩具设计）；POP MART（泡泡玛特，一个知名潮玩品牌）；blind box toy（盲盒玩具）。

此外，在Midjourney中进行潮玩IP设计，常按照以下格式组织prompt：

prompt：主题 + 角色 + 风格 + 材质 + 渲染 + 灯光

接下来，我们尝试设计一系列具有科技感、未来感的十二生肖机器人玩具。先以老虎为例。

主题：中国十二生肖机器人玩具。

角色：老虎。

风格：可爱、科技感、盲盒、玩具等。

材质：塑料、玻璃、金属、石头、PU 等。

渲染：3D 渲染、OC 渲染器、Blender、C4D。

灯光：工作室灯光、广告灯光、全局灯光、聚光灯等。

prompt：Full body, front, side and back views, Chinese zodiac, cute robot with orange tiger hat, tiger stripes, technology elements, trendy clothing, standing pose, POP MART cute IP design, blind box toy, glossy, clean background, hbi model, 3D rendering, OC rendering, best quality, 4K, super details, POP MART Toys Studio lighting--ar 3：2 --niji 6

（全身，正面、侧面和背面视图，中国十二生肖，戴橙色老虎帽的可爱机器人，老虎条纹，科技元素，潮流服饰，站立姿势，泡泡玛特的可爱 IP 设计，盲盒玩具，光泽，干净的背景，hbi 模型，3D 渲染，OC 渲染，最佳品质，4K，超级丰富的细节，泡泡玛特玩具工作室灯光，画幅比例 3：2，niji6 模式）

按照此格式，对 **prompt** 中的生肖动物以及造型稍作修改，就可以得到整个十二生肖系列的 IP 设计图。

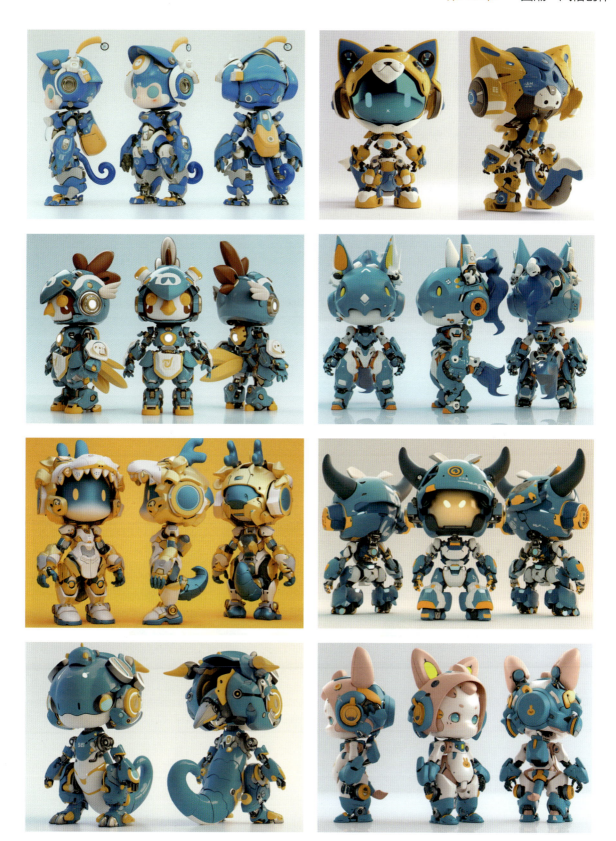

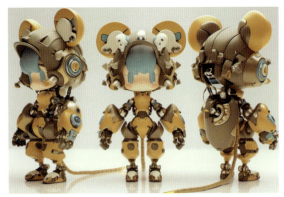

可以看到，Midjourney 很好地输出了造型、风格统一且充满科技感的十二生肖"潮玩"。除了修改对主体角色的描述，我们还可以改变其材质，例如乐高材质、木头、陶瓷、布艺等等。下列图片就是这样生成的。

京剧元素

京剧又称京戏，是中国传统戏曲的一种，在中华文化中占有非常重要的地位，其历史可以追溯到清代。它起源于北京，但融合了来自全国各地的多种地方戏曲形式，特别是昆曲与徽剧。它不仅是娱乐形式，也是传承中华优秀传统文化和价值观的重要途径。京剧以其独特的表演艺术、面具般的彩绘脸谱以及高度的技巧性和象征性而著称。京剧的服饰、脸谱以及表演形态都为艺术家的创作提供了大量的灵感。如今的京剧也在追求创新，AIGC 凭借其超强的绘画能力和联想能力，可以成为这种创新的一种重要手段。

下面来看一组具体案例。

prompt：Close-up shot of a Chinese Beijing Opera actress，delicate face，gorgeous accessories，modern digital illustration style with a sense of design，--ar 3：4 --niji 6

（中国京剧女演员特写，精致的面容，华丽的配饰，具有设计感的现代数字插画风格，画幅比例 3：4，niji 6 模式）

prompt：Chinese Beijing Opera comedian full body portrait，cute shape，dynamic pose，naive image，3D animation，3D rendering，Blender animation，--ar 3：4 --niji 6

（中国京剧喜剧演员全身肖像，可爱的造型，动态的姿势，天真的形象，3D 动画，3D 渲染，Blender 动画，画幅比例 3：4，niji 6 模式）

prompt：A Chinese Beijing Opera actor, with a delicate face and gorgeous accessories, in profile, looking up at the sky, a modern digital illustration style with a sense of design, the background is a geometric background texture made of Chinese elements and modern displays, --ar 3：4 --niji 6

（中国京剧演员，精致的面容，华丽的配饰，侧面，抬头仰望天空，具有设计感的现代数字插画风格，背景是中国元素与现代显示器拼贴的具有几何感的背景肌理，画幅比例 3：4，niji 6 模式）

prompt：Gorgeous Chinese opera characters in dynamic poses, full of energy, character concept design, Pixar style, C4D, 3D rendering, Blender, fashion trend, solid color background, anime, street style, super details, --niji 5 --style expressive, --ar 3：4

（华丽的中国戏曲人物，动态姿势，充满活力，角色概念设计，皮克斯风格，C4D，3D渲染，Blender，时尚潮流，纯色背景，动漫，街头风格，超级丰富的细节，niji 5 模式，expressive 风格，画幅比例 3：4）

　　大家还可以调整 prompt 中的描述词，按照自己的审美需求尝试设计不同风格的"潮玩"作品。总之，将中国传统文化元素和 Midjourney 的图像生成能力相结合，可以得到很多具有独特创意和形式美感的设计作品，将它们运用到绘本、漫画、动画、文创等领域，能极大地提高设计

效率，丰富产品形式和内容。

最后，我们搜集了一些常用的与中华传统文化相关的描述词，供大家参考。

表10-3 与中华传统文化相关的常用描述词

中文	英文	中文	英文
白虎	white tiger	京剧	Beijing opera
茶道	tea ceremony	筷子	chopsticks
春卷	spring rolls	昆曲	Kunqu opera
瓷器	porcelain	兰花	orchid
灯笼	Chinese lanterns	莲花	lotus
笛子	Chinese flute	脸谱	opera masks
二胡	erhu	琉璃瓦	glazed tiles
翡翠	jadeite	龙舟	dragon boat
枫叶	maple	麻将	mahjong
凤凰	Chinese phoenix	梅花	plum
佛像	buddha statue	面条	noodles
格子窗	lattice window	苗族银饰	Miao silver jewelry
古镇	ancient towns	牡丹	peony
古筝	guzheng	披风	cape
故宫	the Forbidden City	琵琶	pipa
桂花	osmanthus	漆器	lacquerware
国潮	China chic	麒麟	kylin
汉服	Hanfu	青花瓷	blue and white porcelain
鹤	crane	青龙	azure dragon
红包	red envelope	雀羽	feather
花灯	flower lantern	生肖	Chinese zodiac
火锅	hot pot	石狮子	stone lions
剪纸	paper cutting	书法	calligraphy
饺子	dumplings	丝绸	silk
金丝绒	velvet	寺庙	temple
锦鲤	Chinese koi	松树	pine tree

续表

中文	英文	中文	英文
塔	pagoda	咏春	wing tsun
太极拳	tai chi	玉	jade
汤圆	tangyuan	鸳鸯	mandarin ducks
唐卡	thangka	园林	gardens
梯田	terraced fields	月饼	mooncakes
亭子	pavilion	月门	moon gate
庭院	courtyard	云纹	cloud pattern
瓦片	roof tiles	折纸	origami
武术	martial art	中国风	chinoiserie
舞狮	lion dance	中国扇子	Chinese fan
熊猫	panda	中国戏剧脸谱	Chinese opera masks
绣品	embroidery	中国象棋	Chinese chess
宣纸	xuan paper	中国油纸伞	Chinese paper umbrella
玄武	black tortoise	朱雀	rosefinch
燕子	swallow	珠帘	pearl curtain
颐和园	Summer Palace	珠子	beads
阴阳	yin and yang	竹子	bamboo

练习：用 Midjourney 生成融合中国经典文化元素的"国潮"作品。